뇌의 주인으로 살고 있습니까

● **일러두기**

1. 맞춤법과 띄어쓰기는 국립국어원 한글 맞춤법에 따랐습니다.
2. 외국 인명이나 지명 등은 되도록 국립국어원의 외래어 표기법을 따르되, 필요에 따라서는 원어에 가깝게 표기하는 것을 원칙으로 삼았습니다. 단, 굳어진 용례는 관행을 따라 표기했습니다.
3. 외서와 영화 등은 국내에 번역된 명칭을 따랐습니다.
4. 기호의 쓰임새는 다음과 같습니다.
   『 』 단행본, 「 」 단편, 《 》 잡지, 〈 〉 영화, 프로그램명 등

장래혁

뇌의 주인으로 살고 있습니까

건강한 뇌로 살기 위한 뇌교육 교양서

현암사

프롤로그

뇌를 아는 것을 넘어,
뇌를 활용하는 시대로

세상을 알고 싶어 했고, 길을 걸으면서도 지금보다 성장한 미래의 모습을 상상했으며, 주어진 것에 몰입하며 기뻐했던 대학 시절. 때로 일어나는 허전함을 뒤로 미루며, 끊임없이 솟아나는 열정으로 삶을 온전히 감싸던 때는 그 자체로 아름다웠다. 과거의 나를 회상할 수 있는 것이 인간 뇌의 특별함임을 알게 된 것은 명상을 하고, 뇌를 공부하면서 알게 된 작은 기쁨이다.

로봇공학자를 꿈꾸었던 공학도에서 세월이 흘러, 지금은 사이버대학에서 '뇌교육'을 가르치고, NGO 활동에 참여하며, 뇌잡지 발행을 함께한다. 온오프라인 교육 경계가 허물어진 시대이다 보니 과거 대학 시절과는 사뭇 달라서, 한 학기 동안 원격수업을 듣는 숫자가 1천 명이 넘는다. 10대 후반부터 70대까지 다양한 연령층에 외국인도 있고, 전국에 있는 협력기관을 돌면서 학우분들과 만나고 돌아오는 여정은 내면의 기쁨을 느끼게 한다.

뇌교육학과에 입학한 많은 신입생은 뇌교육은 의사나 과학자가 공부하는 분야 아니냐는 얘기를 주변에서 많이 듣는다고 한다. 뇌를 딱딱한 두개골 속에 들어앉은 신체기관으로만 여기는 사람들에게 더는 뇌가 의학적 치료나 과학적 연구대상이 아니라 변화와 활용의 대상이라고 말한다. 모두가 더 나은 '변화'를 원하면서, 왜 마음과 행동변화의 열쇠인 '뇌'에 대해서는 그렇게 의학이나 과학의 영역으로 취급하냐고 강변한다. 마음을 중요하게 여기면서, 몸을 외면하는 사람들에게는 '작심삼일作心三日'처럼 과학적인 말도 없다며, 행동 변화 없는 마음 먹기란 허상과도 같다고 말한다.

건강의 핵심 키워드가 심장에서 뇌로 옮겨오고, 인간 의식의 기전을 밝히려는 뇌과학이 인류 과학의 정점으로 주목받는 때이다. '마음과 몸은 기능적으로 독립되어 있다'는 예전의 명제는 인류 과학의 발달로 옛 문장이 되어버렸다. 심신心身 상호작용의 총사령탑, 뇌를 빼고 인간의 심리와 행동양식, 자기계발을 얘기하는 건 우스운 일이다.

공부 잘하면 머리가 좋다고 하고, 그 이외 것에는 재능이 높다고 말하는 학부모님들에게 아이큐 시대는 지났다며 다중지능으로 이야기꽃을 피운다. 흙을 밟지 않는 아이들이 살아갈 인공지능 시대, 오감에서 벗어나 외부감각이 아닌 내부감각을 깨우는 명상을 함께 체험하는 시간도 갖기도 한다.

이 책은 딱딱한 뇌의 기능과 구조를 공부하는 뇌과학 서적이 아닌, 뇌활용의 중요성을 알리기 위해 펴냈다. 나는 뇌과학자도, 의사도 아니다. 인간 뇌의 올바른 활용과 계발에 관한 뇌교육학과 교수다. 비록 뇌과학 분야는 한국이 선진국을 따라갈지 몰라도, 뇌활용 분야만

큼은 학사–석사–박사 뇌교육 학위과정을 세계에서 처음 구축한 나라다.

뇌를 깊이 있게 공부한다고, 삶의 실제적 '변화'가 일어나지는 않는다. 변화는 과학이 아닌, 활용의 영역이기 때문이다. 마음과 행동 변화의 열쇠, 인류 문명을 창조한 인간 뇌의 특별함에 대한 궁금증이 21세기 뇌활용 시대로의 전환으로 나아가는 것은 필연적이다. 인공지능과 공존 혹은 경쟁할 인류 첫 세대의 출현은 사람과의 소통보다 스크린과 대화하며 흙을 밟지 않는 아이들을 보게 만든다. 인공 불빛의 출현과 동물의 근간 기제인 '움직임'의 지속적인 저하가 불러올 나비효과는 급기야 '브레인 롯'이란 신조어까지 만들어내고 있다.

현대사회에서 우리는 너무 많은 정보 속에 살아간다. 정보화 사회가 도래하면서 인간의 뇌는 점점 더 많은 데이터를 처리해야 하지만, 그 과정에서 우리의 주체성과 독립성은 약해지고 있다. 스마트폰이 우리의 손에서 떨어지지 않고, SNS와 뉴스 피드가 우리의 감정을 좌우하며, 수많은 선택지 앞에서 우리는 혼란을 느낀다.

과연 이 시대에 우리는 정보의 주체로 살아가고 있는가? 아니면 무의식적으로 정보를 소비하는 존재가 되어가고 있는가?

지금 하는 나의 행동과 선택은 내가 하는 것인가, 아니면 뇌 속 정보가 만들어 내는 것인가. 정보의 노예가 될 것인가, 주인이 될 것인가. 이 책은 뇌를 단순히 아는 것을 넘어 실제적인 변화를 모색하는 뇌활용 입문서다. 20세기가 지식과 기술이 중심이었던 외적역량의 시대였다면, 21세기는 보이지 않는 내적역량이 핵심 열쇠가 될 것임을 강조한다. 이 책이 뇌를 아는 것을 넘어, 삶에 긍정적 변화를 바라는 이들에게 작은 길잡이가 되기를 소망한다.

2025년 1월 1일

순간을 영원처럼

장래혁

차례

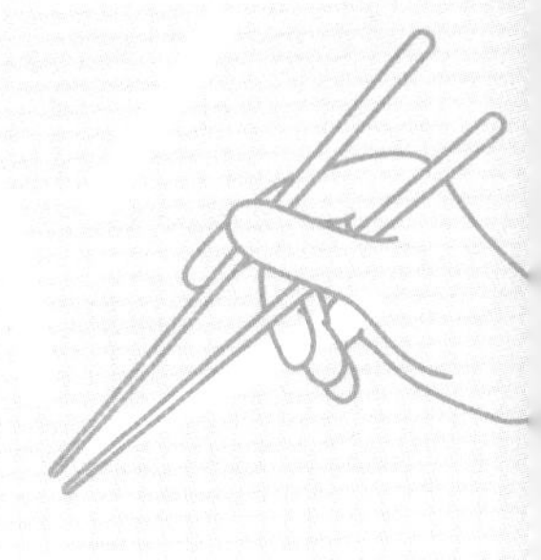

2부 마음과 행동 변화의 열쇠, 뇌

3부 뇌과학에서 뇌활용 시대로

4부 한국인의 브레인파워

1부

‘나’를 잃어버린 시대

비공식적인 개념인 '팝콘 브레인'은
산만한 생각, 단절된 집중력 그리고 한 주제에서
다른 주제로 빠르게 이동하는 경향을
특징으로 하는 정신 상태를 의미한다.
마치 뜨거운 냄비 속에서 팝콘이 튀는 것처럼
우리의 생각이 끊임없이 점프하는 현상을 비유한 것으로,
팝콘 브레인을 겪는 사람들은 집중하는 데 어려움을 겪고,
한 가지 생각을 지속적으로 유지하기 힘들어한다.

— 마크 트래버스Mark Travers,
「심리학자가 설명하는 '팝콘 브레인'의 증가
A Psychologist Explains The Rise Of 'Popcorn Brain'」, (2024)

정보화 사회,
뇌의 주인은 누구인가

2011년 미국 워싱턴대학교 데이비드 레비David Levy 교수는 스마트폰과 같은 디지털 기기의 멀티태스킹과 자극적이고 단편적인 정보에만 반응하는 현대인의 뇌를 '팝콘 브레인popcorn brain'이라 표현한 바 있다. 그로부터 13년이 지나 영국 옥스퍼드대 출판부는 2025년을 앞두고 모든 것이 연결된 디지털 시대를 상징하는 단어로 '브레인 롯(Brain rot, 뇌썩음)'을 새롭게 제시했다.

0과 1로 대표되는 20세기 컴퓨터 혁명에서 비롯된 모든 것이 연결된 정보화 사회 그리고 스몸비족(스마트폰+좀비)의 출현. 태어나서 흙과 사람보다 스크린으로 뇌에 정보를 입력받는 아이들 그리고 인공지능과 공존 혹은 경쟁할 인류 첫 세대의 탄생까지. 인류는 이제껏 경험하지 못한 디지털 정보화 사회로 접어들고 있다. 아침에 일어나서 잠이 들 때까지 과연 하루 동안 하는 다양한 의사결정의 주체가 과연 '나'일까 아니면 나의 뇌 속에 들어와 있는 '정보'일까. 스마트폰이 세상에 나온 이후 인간의 의사결정의 독립성과 주체성은 과연 증가했을까 아니면 퇴보한 것일까. 오래전 사냥을 하며 생존했던 수렵 사회, 인류가 정착하기 시작했던 농경 사회, 대량생산 체제와 지식학습 체계를 갖추게 된 산업 사회 그리고 오늘날 정보화 사회와의 차이는 무엇일까.

인간의 뇌 사용 방식은 각 시대의 환경적 요구와 사회적 구조에 따라 차이를 보인다. 인간의 뇌는 각 시대에 따라 고유의 과제를 해결하기 위해 적응하는 방식을 변화시켰으며 이는 생존, 협력, 혁신, 정보처리 등의 우선순위에 따라 특징적으로 나타난다. 수렵 사회에서는 인간의 뇌가 생존 본능에 초점이 맞춰져 있었다. 이 시기의 인간은 사냥과 채집을 통해 생활했기 때문에 즉각적인 반응과 본능적 판단이 필요했다. 위험을 피하고 먹잇감을 포착하기 위해 공간 지각 능력과 방향 감각이 중요한 역할을 했다. 또한, 먹을 수 있는 식물이나 사냥터를 기억하는 데 필요한 해마의 활동이 두드러졌다. 이 시기에는 작은 공동체 내에서의 협력과 의사소통도 중요했지만, 사회적 관계는 단순한 수준에 머물렀다.

농경 사회로 진입하면서 인간의 뇌 사용 방식은 장기적 사고와 계획 능력을 중심으로 발전했다. 농업의 특성상 씨를 뿌리고 수확하기까지 시간이 필요했기 때문에 예측과 시간 관리를 통해 장기적 결과를 고려해야 했다. 정착 생활은 공동체가 커지고 복잡해지면서 사회적 협력 능력을 강화했다. 문자와 언어 사용이 증가하며 정보의 저장과 전달이 중요해졌고, 도구를 개발하고 사용하는 능력을 통해 기술적 문제를 해결할 수 있었다. 이러한 변화는 전두엽과 측두엽의 활동을 강화하며 계획과 지식 축적에 중점을 두는 것으로 이어졌다. 산업 사회에서는 기계화와 대량생산이 등장하며 뇌의 사용 방식이 더욱 체계적이고 분석적으로 변했다. 논리적 사고와 복잡한 문제 해결 능력이 필수적이었으며, 대규모 교육 체계가 도입되면서 과학적 지식과 수학적 사고가 강조되었다. 또한, 도시화와 산업화로 인해 더 큰 규모의 사회적 관계를 형성하고 관리하는 능력이 필요해졌다. 이 시기에는 좌뇌의 활동이 두드러지며, 논리적이고 체계적인 사고가 뇌 사용의 중심이 되었다.

정보화 사회에 이르러 인간의 뇌 사용 방식은 지식과 정보처리에 중점을 두고 변화하고 있다. 디지털 기술의 발전으로 인해 방대한 양의 정보를 빠르게 수집하고 선택적으로 처리하는 능력이 요구된다. 디지털 적응력이 중요해졌으며, 창의성과 비판적 사고가 단순한 정보 소비를 넘어 새로운 아이디어를 창출하는 데 필수적이 되었다. 또한, 글로벌 네트워크 환경에서의 상호작용과 공감 능력이 더욱 강조되고 있으며, 이는 '소셜 뇌'라고도 불리는 인간의 사회적 연결 능력을 강화한다. 빠르게 변화하는 환경에 적응하고 새로운 기술과 패러다임을 학습하는 인지적 유연성 역시 정보화 사회에서 필수적인 뇌의 사용 방식으로 자리 잡았다. 정보화 사회는 특히 복잡하고 연결 지향적인 방식으로 뇌를 사용하는 시대이며, 이전보다 훨씬 더 다차원적이고 종합적인 뇌 활동을 요구하는 것이 특징이다. 지난 20세기가 반도체, 조선, 자동차, 비행기 등 눈에 보이는 '상품'이 문명 발전을 주도한 물질문명의 시대였다면, 21세기는 보이지 않는 '정보'가 새로운 문명의 열쇠로 자리한다는 데 크게 이견이 없다.

인간의 뇌는 간단히 말하면 뇌 바깥으로부터 정보를 입력받아 처리해서 출력하는 일종의 '정보처리기관'이다. 주목해야 할 것은 수렵 사회, 농경 사회, 산업 사회, 정보화 사회를 거치면서 정보의 양은 급증했으나, 뇌의 기본적인 구조와 기능은 변하지 않았다는 사실이다. 인간의 뇌 차원에서 21세기 정보화 사회로의 진입은 '정보' 자체가 뇌에 커다란 영향을 미치는 시대에 들어섰다는 것을 의미한다. 뇌가 받아들이는 정보의 양 자체가 과거에 비해 수백 배 증가했고, 정보 전달 속도와 확산이 지구 전체에 거의 동 시간대에 이뤄지는 시대를 맞이

하고 있다. 과거에는 의사결정을 위한 정보가 제한적이었고 그 정보를 얻기 위해서는 상당한 노력이 필요했다. 하지만 오늘날은 무수히 많은 선택지와 데이터를 처리해야 하는 정보 과잉의 시대라 주체적이기보다는 대체로 혼란스러워하며 다수의 의견에 무비판적으로 휩쓸리는 의존적인 양상을 보인다.

인간의 뇌는 생물학적 기관인 동시에 정신활동을 담당하는 유일한 기관이다. 이는 뇌가 단순히 물리적 구조로서의 생물학적 기능만 수행하는 것이 아니라, 인지, 감정, 의사결정, 창의적 사고, 그리고 자아의식까지 포함한 정신적 차원의 모든 활동의 중심이라는 사실을 강조한다. 컴퓨터는 하드웨어와 소프트웨어를 명확히 구분할 수 있지만, 뇌는 그렇지 않다. 뇌 속에서 이루어지는 정보처리가 신경망의 변화를 일으키며, 하드웨어와 소프트웨어가 동시에 영향을 주고받기 때문이다. 뇌교육학에서는 이러한 뇌의 작용을 중심으로 뇌를 움직이는 핵심 기제를 '정보'로 보고, 뇌를 '정보체'로 정의한다. 그렇다면 정보 종속성이 점점 더 커지는 현대 사회에서 인간의 정체성과 가치를 잃어가는 현상은 뇌에 어떤 영향을 미칠까? '나'를 잃어버린 뇌는 점점 더 외부 정보에 의존하며, 스스로의 주체적 사고와 판단 능력을 상실할 가능성이 크다. 이는 단순히 개개인의 문제가 아니라, 사회 구조와도 밀접하게 연결된 문제로, 우리가 '나'라는 존재를 인식하고 회복하는 방법을 고민해야 할 시점임을 시사한다.

게임 중독 vs 프로게이머

'대한민국은 지리적 영토는 작으나, 게임 영토는 세계에서 가장 큰 나라'라고도 말한다. 게임을 좋아하는 외국인들이 순례하듯이 방문하는 한국에서 만든 직업이 바로 '프로게이머'다. 그러나 같은 게임을 다룬다고 해도 한쪽에는 환호와 부러움의 대상인 프로게이머가, 반대쪽에는 게임 중독으로 인해 부정적인 시선을 받는 청소년들이 있다. 무엇이 이 큰 차이를 만드는 것일까? 2010년 중앙대병원 한덕현 교수팀의 연구에 따르면, 프로게이머와 게임 중독자의 뇌는 명확히 다른 변화를 보였다. 프로게이머의 뇌는 전측 대상피질ACC, anterior cingulate cortex이 더 발달해 있었는데, 이는 주의 통제, 감정 조절, 운동 통제 등 자기조절 능력과 관련된 영역이다. 대상피질은 뇌의 바깥쪽에 위치한 대뇌피질과 아래 대뇌변연계 사이에 위치해 있고, 옷의 깃이나 띠처럼 뇌량(좌뇌와 우뇌를 연결하는 신경다발)의 주위를 감싸고 있다. 또한, 전측 대상피질은 전두엽과 긴밀하게 연결되어 있으며 전측 대상피질이 손상되면 무감동, 부주의, 정서불안, 성격 변화 같은 다양한 정서적 후유증이 발생한다. 반면, 중독자의 뇌는 대상피질의 크기가 상대적으로 작았고, 쾌락을 관장하는 도파민 분비 부위가 과도하게 활성화되어 있었다. 결과적으로 프로게이머는 게임을 훈련 대상으로 삼아 통제력을 발휘하지만, 중독자는 맹목적인 쾌락 추구로 방향성을 잃는다는 차이가 있었다.

뇌는 기본적으로 반복 입력과 몰입 경험에 따라 변화한다. 만약 '나'라는 기제가 약해진 상태에서 정보가 반복해서 입력된다면 뇌는 '집착' 상태로 변하고 집착이 반복되면 결국 중독으로 이어질 가능성이 높다. 반대로 '나'라는 자의식이 강한 상태에서 정보가 입력된다면 뇌는 집중 상태를 거쳐 몰입으로 발전하게 된다. '나는 게임을 왜 하는가?', '나는 게임을 통해 무엇이 될 것인가?'에 관한 질문과 답을 갖느냐, 갖지 않느냐가 프로게이머와 게임 중독의 근본적 차이다. 다른 영역도 결국 마찬가지다. 주인이 있느냐, 누구냐에 따라 달라진다.

정보화 시대에는 신체 활동성이 줄어들고, 사람 간의 정서적 교류가 감소하는 대신 스크린을 통한 정보 입력과 신경망의 패턴화가 강화되며 '무의식적 습관'이 자리 잡게 된다. 이때 중요한 것은 정보를 활용하는 주체로서의 '나'를 잃지 않는 것이다. 긍정 습관과 부정적 습관의 차이는 '나'라는 자의식 그리고 그 의식이 투영된 태도와 행동 변화로 만들어지며, 만약 '나'에 대한 인식이 약해지고 정보가 주인이 되어 행동과 사고를 지배하게 되면, 결국 정보의 노예로 전락할 위험이 있다. 반대로 메타인지, 즉 자신의 인지 과정을 관찰하고 통제하는 능력을 활용하면, 정보의 주인으로서 뇌의 방향성을 유지할 수 있다.

TV를 보다 무심코 돌린 홈쇼핑 채널에 잠시 머물다가, 어느 순간 물건을 살까말까 고민하고 있는 나를 느낀 적이 있을 것이다. 만약 이때 상품을 구매했다면 과연 물건을 산 주체가 나일까 아니면 뇌 속 정보가 나로 하여금 사도록 만든 것일까. 중독의 본질은 결국 '주인 자리를 뺏긴 것'을 의미한다. 그 자리에 정보가 주인 행세를 하고 있는 셈이다. 주인 자리를 뺏긴 이유는 내가 없는 것이니, 나에 대한 인식과 가치를 키워야 근본적으로 해결된다.

가령 서울역에서 부산을 향하는 기차 안을 둘러본다고 했을 때 그 안에는 잠을 자는 사람, 담소를 나누는 사람, 책을 읽거나 스크린을 보는 사람 등 제각기 천차만별의 모습을 하고 있을 것이다. 하지만 바깥에서 달리는 기차를 본다면 기차는 제각기 다른 방향을 향하는 내부의 사람들과 달리 한 방향으로 가고 있음을 알게 된다. 기차가 한 방향으로 나아가듯, 뇌도 방향성을 가질 때 통합적이고 목표 지향적인 복합계로 작동한다.

뇌가 방향성을 갖는다는 의미는 간단히 말하면, '나'에 대한 가치를 인식하는 것이다. 이는 자신과 자신의 존재 가치를 인식하는 메타인지, 즉 자신의 인지 과정을 관찰하고 조정하는 능력을 통해 이루어진다. 모든 정보는 뇌의 활동에 의해 처리된다. 정보의 양이 많고 커질수록, 반복되고 지속될수록, 사람들은 정보에 종속되고 영향력을 받을 가능성 또한 높아진다. 결국 뇌 속에 담긴 정보가 그 사람의 행동과 사고를 결정짓는 열쇠가 될 것이며, 좋은 뇌 상태를 만드는 훈련과 습관이 더욱 중요한 시대를 맞이하게 될 것이다. 정보에 종속되지 않고 이를 유용한 도구로 활용하기 위해 메타인지적 사고를 기르고, 목표를 설정하며, 정보 소비를 절제하고 뇌 건강을 관리하는 것은 필수적이다.

결국 뇌가 방향성을 가질 때 우리는 정보의 주인이 되어 자신의 삶을 더욱 의미 있고 주체적으로 만들 수 있다. 게임 중독과 프로게이머의 차이는 단순히 뇌 구조의 차이만이 아니라, 삶을 대하는 태도의 차이에서 비롯된다. '나'라는 자의식을 인식하고, 그 가치를 지키며 살아가는 것은 단순히 개인의 문제가 아니라 정보화 시대를 살아가는 모든 이의 과제다. 정보의 종속에서 벗어나 정보를 활용하는 주인으로 살아가는 것은 인공지능과 공존 혹은 경쟁할 새로운 시대에, 인간의 정체성과 가치를 지키는 가장 중요한 열쇠가 될 것이다.

'당신은 정보의 노예입니까, 주인입니까?'

정보 중독의 시대,
나의 도파민 베이스라인은?

아마도 외국에서 2020년대 대한민국 사회를 상징하는 키워드를 얘기할 때 'MBTI'는 빠지지 않을 것이다. MBTI Myers-Briggs Type Indicator란 개인의 성격을 열여섯 가지 유형으로 분류한 심리학적 자기보고 검사로, 개인의 성향을 이해하고 대인관계 및 커뮤니케이션 방식을 개선하기 위해 활용되어 왔다. 하지만 2020년대 한국에서는 MBTI가 단순한 심리 검사를 넘어 문화적 트렌드로 자리 잡았다. 예능 프로그램, 유튜브 채널, 소셜미디어 게시물에서 사람들은 자신의 MBTI 유형을 공유하고,

특정 유형의 행동 패턴과 일치하는 에피소드를 재미 요소로 소비한다.

기업 채용 현장에서도 MBTI는 지원자의 성격과 조직 적합성을 판단하는 도구로 활용되기도 하는데, 이는 업무 성향과 팀워크를 이해하려는 노력이 반영된 결과이기도 하다. 심지어 처음 만나는 사람들과의 대화에서도 MBTI는 흔히 묻는 질문으로 자리 잡았다. MBTI에 대한 질문은 상대방에 대한 첫인상을 쉽게 판단하거나 공통점을 찾는 도구로 사용된다.

이는 전통적인 혈액형별 성격 유형 논의가 희미해진 대신, 보다 세분화되고 체계적인 성격 유형 모델로 대체되었음을 보여준다. MBTI는 개인의 정체성을 표현하는 동시에 타인을 이해하는 도구로 기능하며, 이는 빠르게 변화하는 디지털 환경 속에서 관계 형성과 소속감을 중요시하는 경향과 맞물린다. 따라서 2020년대 대한민국에서 MBTI는 단순한 심리 검사를 넘어, 사회적·문화적 상징으로 자리 잡은 독특한 현상이라 할 수 있다.

이러한 MBTI 광풍은 도파민dopamine의 역할을 이해하는 데 좋은 현상이다. MBTI의 유행 원인에는 결국 나를 알고 싶고, 타인을 이해하고 싶은 본능적인 욕구가 깔려 있기 때문이다. 사회적 동물인 인간이 주변의 분위기에 소외되지 않아야 한다는 무의식의 욕구 또한 반영된다는 면에서 더욱 그러하다. MBTI는 이러한 심리를 효과적으로 자극하며, 타인과의 연결고리를 확인하거나 공통점을 발견하는 과정에서 도파민 분비를 유발하여 심리적 만족과 보상을 제공한다.

일반인들이 흔히 떠올리는 '도파민'은 '중독', '보상'의 이미지가 아마도 대부분일 것이다. 한때 현대 사회를 '도파민 사회'라고 부르기도 했고, '도파민 중독', '도파민 디톡스'라는 용어 역시 일상적으로 쓰이고 있다. 이는 정보의 홍수 속에서 자극적인 콘텐츠가 끊임없이 도파민을 자극하고, 그로 인해 생기는 피로감과 중독 증상에 대한 관심을 반영한다. 하지만 도파민을 단순히 중독과 보상에만 관련된 하나의 신경전달물질만으로 보기에는 우리들의 삶의 질에 커다란 영향을 주고 있기 때문에 이에 대해 면밀히 살펴볼 필요가 있다. 도파민은 우리의 행동, 감정, 동기 부여, 학습과 같은 삶의 질 전반에 영향을 미치는 핵심적인 역할을 한다. 도파민은 세로토닌과 함께 인간의 심리와 신경학적 균형을 이끄는 '국가대표급' 신경전달물질이라고 해도 과언이 아니다.

MBTI와 도파민 간의 관계를 살펴보면, MBTI가 제공하는 자기 탐구와 소통의 경험은 도파민 분비를 촉진하며 나와 타인을 더 깊이 이해하고자 하는 동기를 강화한다. 도파민은 이러한 과정에서 '이해의 즐거움'을 보상으로 제공하여 우리의 뇌가 이 활동을 반복하고 싶게 만든다. 따라서 도파민을 이해하는 것은 단순히 신경전달물질에 대한 학문적 지식을 넘어서 나 자신을 이해하고 뇌의 작동 원리를 탐구하는 중요한 통로가 될 수 있다.

흥분성 신경전달물질, 도파민

신경전달물질 중 하나인 도파민은 기본적으로 흥

분성 전달물질이기 때문에 분비량의 많고 적음에 따라 인체 상태에 직접적인 영향을 미친다. 뇌에 도파민이 너무 과도하거나 부족하면 주의력결핍과잉행동장애 ADHD, 우울장애, 조현병 증상을 유발하기도 한다. 파킨슨병 환자의 경우, 도파민을 생성하는 뇌 속 흑질의 세포가 특이적으로 파괴되었다는 연구가 있다. 도파민이 기저핵에도 작용해 정밀한 운동을 조정하는 역할을 하기 때문이다.

도파민은 흔히 '보상 시스템'의 핵심 역할을 하는 신경전달물질로 알려져 있다. 특정 행위의 결과로 보상이 주어지는 방식에 따라 도파민은 우리의 행동과 동기를 조절한다. 실제로 보상이 주어졌을 때 도파민 분비가 더욱 활발해진다. 보상으로 인해 쾌감을 느낀다는 것은 도파민 분비가 증가했음을 의미하며, 이러한 경험은 보상에 대한 긍정적 신호를 강화하고, 더 큰 보상을 추구하는 동기를 유발한다. 문제는 목표 달성을 위해 노력했음에도 불구하고 원하는 결과를 얻지 못했을 때 발생하는 간극인데, 이 간극이 스트레스를 유발하고 일상에 많은 영향을 미치게 된다. 이렇게 도파민 분비와 관련된 기분의 변동성을 바로 '도파민 감수성'이라고 부른다. 결과적으로 도파민은 우리의 삶의 질, 기분 그리고 행동에 큰 영향을 미치는 중요한 물질이다. 따라서 도파민 시스템의 균형을 유지하고 그 감수성을 이해하는 것은 건강한 정신적·신체적 상태를 유지하는 데 필수적이다.

도파민 감수성, 줄어도 넘쳐도 안 좋아

도파민 결핍이나 내성은 우리의 행동과 감정에 큰 영향을 미친다. 도파민이 부족하면 무엇을 하더라도 금방 질리거나 귀찮아지고, 흥미를 느끼지 못하는 상태가 된다. 도파민 결핍이 초래하는 대표적 질환은 우울증으로, 무기력증이나 지속적인 의욕 상실을 호소하는 경우가 많다. 또한, 도파민 결핍은 ADHD로 진단받을 수도 있다. 이러한 상태는 우리의 일상적 동기와 즐거움에 부정적인 영향을 미쳐 삶의 질을 저하시킨다. 반대로 도파민이 과도하게 분비되면 뇌의 균형이 깨져 조증燥症과 같은 상태가 나타날 수 있다. 조증은 지나치게 높은 흥분 상태를 특징으로 하며, 식욕 부진, 수면 장애, 강박적인 행동 그리고 조현병과 같은 질환으로 이어질 수 있다. 도파민 과다 상태는 뇌의 전두엽을 지속적으로 자극해 충동을 조절하지 못하게 하고, 이로 인해 다양한 중독 증상이 나타날 수 있다. 예를 들어 알코올, 쇼핑, 니코틴 등의 중독은 도파민 과잉 분비와 관련이 있는 경우가 많다.

특히 최근 사회적으로 문제가 되고 있는 마약은 도파민 분비를 비정상적으로 촉진하거나 도파민 재흡수를 막아 도파민 총량을 비정상적으로 늘린다. 예를 들어 도파민을 최대 1,200퍼센트까지 증가시킨다는 메스암페타민(필로폰)을 투여하면 흔히 다행감多幸感, euphoria이라고 불리는 극도의 행복감과 며칠 동안 잠이 오지 않을 정도의 각성 상태가 이어지고 작업 능력이 향상된다. 그러나 이러한 약물은 도파민 시스템을 심각하게 손상시킨다. 마약의 문제점은 도파민 체계를 인위적으로 과도하게 자극해 뇌가 스스로 조절하려는 항상성恒常性을 망가뜨린다는 점이다. 도파민 과다로 인해 뇌는 도파민 수용체를 줄이거나 파괴함으로써 도파민 감수성을 낮추려 한다. 이는 정상적인 보상과 행복감을 느끼기 어렵게 만들고, 마약 중독의 악순환을 초래한다. 마약에 중독된 사람들은 약물을 사용하지 않고는 정상적인 보상을 느끼지 못하게 되며, 결과적으로 더 많은 양의 약물을 요구하게 된다. 이러한 이유로 마약은 단순히 일시적인 기분 향상의 문제가 아니라 우리의 신경 시스템과 삶의 전반에 치명적인 영향을 미치는 심각한 중독을 유발한다. 따라서 도파민 체계의 중요성을 이해하고, 이를 건강하게 유지하기 위한 노력이 무엇보다 중요하다.

격정적 사랑의 비밀에도 관여하는 도파민

사랑은 평소와는 다른 본능적 보상에 더 강하게 반응하는 현상으로, 도파민은 사랑의 과정에 깊숙이 관여한다. 사랑에 빠지면 뇌에서 미상핵(또는 꼬리핵, caudate nucleus)의 활동이 두드러지게 증가하는데, 이는 이 부위에 도파민 수용체가 매우 많기 때문이다. 도파민은 강력한 천연 각성제로, 사랑에 빠진 뇌는 마약 중독자의 뇌 활동과 놀라울 정도로 유사한 양상을 보인다. 이는 사랑과 약물 중독 모두 도파민 수치와 직접적으로 연관되어 있다는 사실을 보여준다. 코넬대학교의 신시아 하잔 Cynthia Hazan 교수는 도파민이 솟구치는 격정적인 사랑의 유효기간이 길어야 30개월이라는 연구결과를 발표한 바 있다. 뇌는 본질적으로 안정을 추구하는 특성을 가지기 때문에, 지나치게 활성화된 도파민 상태를 장기간 유지하기란 어려운 일이다. 사랑의 격정적인 초반 단계가 끝난 후, 뇌는 균형을 되찾기 위해 도파민의 과도한 발현을 조절하려고 한다.

이러한 이유로, 사랑의 초기 단계에서 관계의 깊이를 충분히 성숙시키지 못한 연인들의 헤어짐은 단순히 감정적 문제라기보다는 뇌의 생존전략의 일환으로 볼 수도 있다. 격렬한 도파민의 발현이 줄어들면서 관계의 설렘과 자극이 사라질 때, 안정적이고 깊이 있는 관계를 쌓지 못했다면 이별로 이어질 가능성이 높아지는 것이다. 결국 사랑은 단순히 감정적인 경험에 그치지 않고, 도파민과 같은 신경전달물질의 작용을 포함한 생물학적 현상과 밀접하게 연결되어 있으며, 이는 우리의 뇌가 안정과 생존을 추구하는 방식에 의해 크게 영향을 받고 있음을 보여준다.

SNS 사회가 만드는 '디지털 도파민'

현대 사회에서 도파민이 중요한 이유는 노력과 성취를 기반으로 한 보상 시스템에서부터 우울증과 중독에 이르기까지 우리의 일상에 깊숙이 관여하기 때문이다. 특히 지금 우리가 주목해야 하는 것은 과거와는 다른 양상으로 전개되는 새로운 형태의 도파민 사회, 즉 '디지털 도파민' 시대가 도래했다는 점이다. 우리는 아침에 눈을 뜨자마자 스마트폰을 찾고, SNS 활동에 몰두하며, 사람들과의 관계보다 디지털 기기와의 상호작용에 더 익숙해져 가는 세상에 살고 있다. 이로 인해 정보 과잉과 디지털 중독으로도 불리는 '정보 중독'에 점점 더 취약해지고 있다.

과거에는 도파민을 자극하는 대상, 즉 보상을 찾기가 어려웠다. 하지만 인간은 세상을 결핍의 공간에서 풍요의 공간으로 변화시켜왔다. 이로 인해 중독의 법칙도 바뀌었다. 더 이상 도파민 자극을 얻기 위해 많은 노력이 필요하지 않으며, 단지 손가락 하나만 움직여도 쉽게 얻을 수 있는 세상이 되었다. 대표적인 사례가 숏폼 콘텐츠다. 사용자가 아무것도 하지 않아도 자동으로 재생되는 이 콘텐츠는 끊임없이 새롭고 자극적인 영상을 제공하며, 도파민 분비를 촉진시켜 중독성을 높인다.

스탠퍼드대학교 의과대학 교수이자 중독치료 전문가인 애나 렘키Anna Lembke 박사는 자신의 저서 『도파민네이션Dopamine Nation』에서 현대인이 중독에 빠지는 이유를 단순히 의지나 도덕성의 결핍으로 설명하지 않는다. 그는 쾌락과 고통을 조절하는 핵심 신경전달물질인 도파민에 초점을 맞추어 중독의 원인을 분석한다. 특히 중독성 물질과 자본주의, 디지털 기술이 결합한 현실은 중독을 개인의 문제가 아닌 사회적 문제로 전환시키고 있다고 강조한다. 이에 따라 렘키 박사는 약물치료에만 의존하기보다는 사람들이 도파민의 작동 원리를 이해하고, 고통을 받아들이고 화해하는 법을 익혀야 한다고 제안한다.

오늘날 자원적 풍요와 기술의 진화는 도파민 욕구를 더욱 쉽고 빠르게 충족할 수 있는 환경을 제공하고 있다. 이로 인해 도파민 자극에 대한 의존성은 점점 더 심화되고 있으며, 이는 단순한 개인적 습관의 문제가 아니라 사회 전체가 직면한 공동의 과제가 되었다. 이러한 현실에서 도파민 중독을 극복하고 건강한 삶을 유지하기 위해서는 개인적 노력뿐만 아니라 사회적이고 구조적인 접근이 필요하다.

도파민이 정상적으로 분비되는 상태, 이른바 '베이스라인'은 우리의 뇌가 균형을 유지하며 적절히 기능하도록 돕는 기본 상태를 말한다. 문제는 우리가 현재 살아가고 있는 사회가 일상에서 너무나 쉽게 도파민을 활성화시키는 쾌락적 자극들로 둘러싸여 있다는 점이다. 이는 우리의 뇌가 처한 환경과 뇌 자체의 고유한 기능 간의 간극을 점점 더 벌리고 있다.

인간의 뇌는 기본적으로 외부에서 정보를 받아들이고, 이를 처리하여 적절한 출력을 만들어내는 '정보처리기관'이라고 했다. 인간의 뇌 구조와 기능은 과거와 크게 바뀌지 않았는데 뇌 바깥은 송두리째 바뀐 환경에 서 있는 셈이다. 평상시 뇌에 가장 영향을 지속적으로 주고 있는 정보자극의 대상인 몸의 활동성은 현저하게 낮아졌고, 낮아진 신체 움직임은 동물動物로서 생명활동의 근간인 항상성恒常性 기능을 떨어뜨린다. 더불어 뇌 바깥은 24시간 밝히는 인공 빛의 세상으로 바뀌면서 생체시계 교란은 더욱 극심해졌다. 기술의 진보는 도파민 베이스라인을 더욱 흔들고 있다. 도파민 과다 자극을 유발하는 디지털 기술은 우리의 의식을 외향적으로 끌어당기고, 내면의 균형을 무너뜨리며, 지속적인 자극에 대한 의존성을 심화시킨다.

『도둑 맞은 집중력』에서는 이러한 현상을 비판하며, 현대인이 점점 더 산만해지고 집중하지 못하는 이유를 스마트폰과 같은 디지털 기기에 대한 개인의 자제력 부족으로만 치부해서는 안 된다고 지적한다. 이는 비만율 증가가 단순히 개인의 절제력 부족이 아니라 정크푸드 중심의 식품공급 체계와 생활방식 변화의 기인과 유사하다는 것이다. 책에서는 '집중력 파괴가 곧 사업모델'이라는 실리콘밸리의 거대 테크 기업의 이면을 밝히며, 한 전략가가 실리콘밸리의 일류 기술 설계자 수백 명 앞에서 강연을 하다가 "현재 자신이 설계한 세상에 살고 싶은 분이 얼마나 계십니까?"라고 질문하자 일순간 전체가 침묵에 휩싸였던 사례를 소개한다. 이는 우리가 기술과 정보에 의해 얼마나 통제받고 있는지를 시사한다.

그럼에도 불구하고 현대를 살아가는 우리에게 중요한 과제는 바로 나의 도파민 베이스라인을 지켜내는 것이다. 세계보건기구WHO는 이미 1998년 미래 건강의 새로운 키워드로 치료에서 예방, 관리에서 한발 더 나아가 '헬스프로모션Health Promotion'을 제시했다. 이는 사람들이 자신의 건강에 대한 통제력을 높이고, 건강을 향상시킬 수 있도록 하는 과정을 의미한다. 단순한 치료를 넘어, 개인이 스스로 치유의 주체가 되어야 하는 것이다.

정보가 넘쳐나는 이 시대에 우리는 뇌의 주인이 되어야 한다. 뇌교육헌장인 「뇌선언문」의 마지막 문구는 이를 더욱 명확히 보여준다. 뇌와 도파민의 균형을 유지하며, 내면의 힘을 키우고, 의식적으로 선택하며 살아가는 것이야말로 현대 사회의 도파민 과다 자극 속에서 자신을 지키는 길이다.

'Take back your brain!'

현대인의 불면,
수면을 바라보는 새로운 시선

'잠만 잔다고 뇌가 회복하는 것은 아니다'라는 말은 현대인의 수면 문제를 명확히 드러낸다. 최근 수면과 관련된 산업은 빠르게 성장하고 있으며, 이를 뜻하는 신조어 '슬리포노믹스(Sleeponomics, 잠을 뜻하는 'sleep'과 경제를 뜻하는 'economics'를 합성한 단어)'까지 등장했다. 시장조사 업체 프로프쉐어에 따르면, 수면 시장은 2018년 약 80조 원에서 2026년 약 137조 원에 이를 것으로 예상된다. 그러나 수면 문제를 단순히 산업적 접근으로 해결하기에는 한계가 있다. 보다 근본적인 원인을 이해하고 이를 개선하려는 노력이 필수적이다.

코로나19의 큰 파도가 지나간 2021년 말 내가 편집장으로 있는 뇌교육 잡지 《브레인》에서 20대 성인을 대상으로 '코로나 팬데믹 나의 수면패턴 변화'에 대한 설문조사를 실시한 적이 있다. 당시 데이터 분석을 내가 소속된 대학 부설기관인 뇌교육융합연구소에서 담당했는데 눈여겨볼 만한 연구결과가 나왔다. 전체 응답자의 40퍼센트가 수면의 질이 감소했다고 답했고, 50퍼센트는 변화가 없으며, 10퍼센트는 오히려 질이 향상되었다고 답한 것이다. 수면 질 향상의 주된 요인으로는 운동시간 증가와 스트레스 감소, 그리고 규칙적인 식사였다. 이는 수면 문제 해결의 핵심이 단순히 외부 제품에 의존하는 것이 아니라, 스스로의 생활 습관과 심신 상태를 개선하는 데 있음을 시사한다.

현대인의 뇌 – 외적, 내적 환경변화

수면 문제의 본질을 이해하려면 현대인의 뇌가 겪는 외적, 내적 환경 변화를 알아야 한다. 외적 환경변화의 가장 중요한 요인은 '인공 빛'의 출현이다. 태양계에 자리한 지구는 공전과 자전을 하고, 현생 인류인 호모사피엔스는 약 30-40만 년간 태양 빛에 따라 낮과밤이 바뀌는 가운데 24시간의 생체리듬을 적응하고 유지해왔다. 인체 항상성 유지에 있어 중요한 수면의 핵심 매개체는 '빛'이다. 그러나 최근 수백 년 사이 인공 빛이 등장하며 인간 뇌의 생체시계가 교란되기 시작했다. 장시간 인공 빛에 노출된 뇌의 생체리듬은 깨어지며 교란을 일으키고, 결국 수면 질 저하를 초래했다.

내적 환경의 변화로는 신체적 활동 감소가 가장 큰 요인이다. 인간은 움직임을 바탕으로 생명활동을 영위하는 '동물'로, 신체 활동은 필수적이다. 그러나 현대인들은 육체적 스트레스보다 정신적 스트레스에 더 많이 노출되었고, 이는 자율신경계의 불균형과 불면 사회를 만들어냈다. 과거에는 단순히 잠을 자는 것만으로도 뇌 기능이 회복되었지만, 오늘날에는 뇌의 회복이 점점 더 어려워지고 있다. 인간 뇌의 외적, 내적 환경변화를 알지 못하면, 오늘날 현대인의 수면 문제의 본질을 이해하기 어렵다.

기억, 회복 그리고 치료의 연결고리

수면은 단순히 몸을 쉬게 하는 시간이 아니라 뇌 기능의 회복과 발달에 중요한 역할을 한다는 사실이 과학적으로 알려져 있다. 특히 뇌의 생체신호인 뇌파EEG를 이용한 연구는 수면이 단순한 상태가 아니라 얕은 수면에서 깊은 수면까지 다양한 단계가 반복되는 주기적인 과정임을 보여준다. 수면은 90분 주기로 4~5회 반복되며, 특히 렘REM, Rapid Eye Movement 수면 단계에서는 눈동자가 활발히 움직이고 뇌가 깨어 있는 것처럼 활동한다.

렘수면은 기억을 보관하고 정리하며 필요에 따라 재편성하는 과정으로 알려져 있다. 이 단계에서 대부분의 꿈이 이루어지며, 특히 아침이 다가올수록 렘수면의 비중이 커진다. 연구에 따르면, 유아기의 수면 중 렘수면은 약 50퍼센트 이상 차지하지만, 나이가 들수록 그 비중이 줄어든다. 이는 뇌가 어린 시절에는 많은 정보를 처리하고 적응해야 하지만, 나이가 들수록 정보량이 줄어들고 반복적인 패턴이 많아지기 때문으로 보인다. 이 과정은 수면과 기억의 연관성을 설명해준다.

렘수면 중에 나타나는 좌우 안구 운동은 단순히 수면 중의 생리적 현상이 아니다. 이는 PTSD(외상후스트레스장애) 치료에서도 사용되는 기법인 안구운동민감소실및재처리요법EMDR 원리로 활용된다. EMDR은 공포나 외상 기억을 떠올리면서 눈동자를 좌우로 움직이는 양측성 자극을 통해 트라우마를 치료하는 심리 치료법이다. 이는 뇌가 좌우 교차 작용을 통해 정보를 처리하고 균형을 유지하는 특성을 활용한 것이다.

현대인의 뇌와 일상적 상처

뇌는 바깥에서 들어오는 신호를 주고받으며 발달한다. 뇌는 인체에서 정신활동을 담당하는 유일한 기관으로, 생명 활동부터 기억과 감정, 몰입과 상상, 영감과 통찰 같은 정신적 활동의 중심 역할을 한다. 뇌에 새겨진 강렬한 감정적 기억은 쉽게 지워지지 않는다. 이는 뇌의 신경망이 감정적으로 강렬한 경험을 장기 기억으로 저장하기 때문이다.

PTSD는 단 한 번의 트라우마로도 발생할 수 있지만, 이를 치료하려면 장기적인 노력이 필요하다. 현대인의 삶에서 뇌는 다양한 감정적 충돌과 스트레스를 경험한다. 이러한 부정적인 경험들은 뇌의 기능에 깊은 영향을 미치며, 감정 조절과 기억의 왜곡을 일으킬 수 있다. 이를 예방하거나 치유하기 위해서는 수면과 같은 뇌 회복 과정을 이해하고 적절히 관리하는 것이 필수적이다.

사람들은 보통 '뇌'를 자각하지 않고 생활하지만, 우리가 숨을 쉬고, 걷고, 생각하고, 눈을 감는 동작 하나하나는 엄청난 뇌의 처리 과정을 수반한다. 수면 중 나타나는 좌우 안구 운동이 단순한 생리적 움직임을 넘어 기억과 정신 치료와 밀접하게 연결되어 있는 것처럼, 우리의 일상적인 모든 행동과 활동은 뇌에 깊은 영향을 미친다. 따라서 깨어 있는 동안의 모든 선택과 활동이 뇌 건강과 수면의 질에 영향을 미친다는 점을 잊지 말아야 한다.

기억의 공장, 해마의 역할

수면은 단순한 휴식 이상의 역할을 하며, 우리의 뇌가 기억을 제조하고 정리하는 핵심 과정에 깊이 관여한다. 어떤 기억은 쉽게 사라지고, 어떤 기억은 오래 남는다. 특히 치매(알츠하이머 병) 환자의 경우 최근 기억부터 잃는 것을 쉽게 볼 수 있는데 이는 단기 기억이 장기 기억으로 전환되는 과정이 차단되기 때문이다.

기억과 관련하여 가장 중요한 뇌의 부위 중 하나는

해마hippocampus다. 뇌과학자들은 해마가 단기 기억을 저장하고 분류하며, 이를 대뇌피질로 전달하여 장기 기억으로 전환한다고 본다. 이 과정은 기억 회상에도 관여하며, 해마가 손상될 경우 기억을 떠올리는 데 어려움을 겪는다. 뇌과학자들은 해마가 단기 기억을 저장하고 분류한 후 대뇌피질과 연결해서 장기 기억으로 바꾼다고 보고 있다. 기억의 회상과도 관련이 있어 이전의 기억을 떠올리는 데도 관여한다. 따라서 이 영역이 제거된 환자는 바로 직전에 일어난 일도 기억하지 못하게 된다.

이를 보여주는 대표적인 사례는 영화 〈메멘토Memento〉의 모티프가 된 헨리 몰레이슨(1926~2008)이다. 뇌과학계에서 중요한 연구 대상이기도 했던 그는 생전엔 'H.M.'이란 이니셜로만 알려졌었다. 자전거 사고로 뇌를 다친 그는 외과 수술을 받던 도중 해마가 손상되었고, 이 때문에 수술 이전의 기억은 유지했지만 이후의 기억은 어제의 일도 기억못하는 단기 기억 상태가 되었다. 재미있는 사실은 이러한 해마의 기억 처리 과정이 대부분 수면 중에 이루어진다는 점이다. 따라서 수면은 단순히 피로를 회복하는 것이 아니라 정보의 저장과 정리라는 중요한 인식 작용에 깊이 관여한다.

뇌와 삶의 균형을 유지하는 중요한 축

학습 시기인 청소년들에게 있어 수면은 특히나 중요하다. 학습 중 받아들인 정보를 단기 기억으로 유지할지, 장기 기억으로 저장할지를 결정하는 해마의 작용이 수면 중 일어나기 때문이다. 깊은 수면은 학습 능력을 향상시키는 핵심 비결이다. 중장년층에게도 수면은 두뇌 건강과 직결된다. 서파수면에 해당하는 3~4단계의 깊은 수면을 충분히 취하지 못하면, 치매 발병 위험이 크게 증가한다는 연구 결과는 수면과 기억 간의 중요한 상관성을 보여준다.

21세기에 들어 인간의 뇌에서도 새롭게 발견된 림프관의 존재가 이를 뒷받침한다. 이전까지 림프관은 몸에서만 존재한다고 알려졌기 때문에, 수면과의 연관성은 직접적으로 없었다. 하지만, 뇌 속 림프관의 발견은 깊은 수면 상태를 경험하는 사람의 경우 대사 과정에서 발생하는 찌꺼기를 림프관을 통해 배출시키면서 치매를 포함한 여러 신경 질환의 위험을 낮출 수 있음을 시사한다. 수면은 하루 24시간 중 약 3분의 1을 차지하지만, 그 시간은 나머지 3분의 2 인생에 큰 영향을 미친다. '잠이 보약이다'라는 말이 결코 틀린 얘기가 아닌 셈이다. 그러나 스마트폰과 같은 디지털 기기에 익숙한 현대인들에게는 수면의 중요성이 점차 간과되고 있다.

수면은 단순한 휴식이 아니라 뇌와 삶의 균형을 유지하는 중요한 축이다. 깨어 있는 순간부터 수면에 이르기까지 우리의 모든 활동은 뇌와 깊은 연관을 맺고 있으며, 이를 잘 관리하는 것이 건강한 삶의 핵심이다.수면 문제를 단순히 침구류나 수면 보조 기구로 해결하려는 접근은 본질을 벗어난 것이다. 수면 문제의 본질적 해결책은 기능성 제품에 의존하기보다 스스로 심신 상태를 관리하는 데 있다.

결국 수면 관리의 핵심은 '도구'가 아니라 '사람', 즉

나 자신이다. 수면 문제의 근본적 해결은 편리한 물질문명 속에서 감소한 신체적 움직임, 과도한 스트레스, 그리고 불규칙한 생활 패턴을 되돌아보는 데 있다. 단순히 수면 보조 제품이나 기술을 활용하는 것을 넘어, 자신의 생활 습관과 환경을 적극적으로 개선하려는 노력이 필요하다. 결론적으로 수면 문제는 단순히 해결해야 할 개별적 과제가 아니라, 현대 사회와 개인의 생활 방식 전반을 재검토해야 하는 중요한 문제다. 외적 요인인 빛과 내적 요인인 신체 활동 감소를 이해하고, 이를 개선하려는 노력이야말로 현대인의 뇌 건강과 수면 질을 높이는 핵심이다. 우리는 단순히 잠을 자는 데 그치지 않고, 뇌의 주인으로서 건강한 수면을 만들어가야 할 시점에 서 있다.

'수면 관리, 어떻게 하고 계신가요?'

인공지능과 공존할 시대,
자연지능을 깨워라

대학에서 '인공지능vs자연지능'을 주제로 대중 릴레이 강좌를 진행한 적이 있었다. 그 어느 때보다 시민들의 관심이 높아 관계자들을 놀라게 했다. 2016년은 달 착륙에 비견될 만큼 인류사에 의미 있는 족적을 남긴 해였다. 오늘날 인류 문명은 뇌의 창조성에서 비롯되었다. 지구상에 존재하는 생명체 중 인간의 뇌만큼 복잡한 구조와 기능을 가진 존재는 없으며, 시간의 변화에 따라 주변 환경에 이토록 커다란 영향을 미치는 생명체 또한 없다.

'뇌는 변화한다'라는 뇌가소성brain plasticity의 범위와 영역은 일생에 걸쳐 나타난다. 집중과 몰입, 과거와 미래를 넘나드는 상상, '나는 누구인가'로 대표되는 내면의 성찰 또한 인간의 특별한 고등정신 능력에 해당한다. 이러한 '변화'를 만들 수 있는 인간 뇌의 능력에 일대 전환을 불러온 해가 바로 2016년, 인공지능 '알파고'의 등장이다. 이후, 챗gpt의 출현과 함께 생성형 인공지능 시대가 도래했다. 대규모언어모델LLM은 언어가 사용되는 모든 영역에서 인공지능이 인간의 역할을 대체할 수 있다는 신호탄이기도 하다.

인간 고유역량의 재발견

인공지능 기술의 발달은 결국 인간이 가진 고유역량에 대한 근본적인 질문을 던지게 했으며, 산업혁명 이후 200여 년간 지속되어온 공교육 시스템에 일대 전환을 불러일으키고 있다. '인공지능과 공존할 인류 첫 세대'인 미래 세대에게 무엇을 가르치고, 어떤 역량을 이끌어내야 하는가. 현재 인류사회는 '인간의 가치를 높이는 과정 혹은 방법'이라는 '교육'이란 기제에 대한 근본적 질문에 답을 찾고 있다.

매년 1월 스위스의 작은 마을 다보스에서는 세계경제포럼World Economic Forum, WEF, 일명 '다보스 포럼'이 열린다. 전 세계의 이슈와 패러다임을 제시하는 이 회의에서, 2016년에는 '4차 산업혁명'이라는 키워드가 제시되었다. 주목할 점은 인공지능 알파고와 4차 산업혁명이 인류 앞에 제시된 이후, 2018년 다보스 포럼에서 '인간 역량의 혁명skills revolution'이 발표되었다는 것이다.

알리바바 그룹의 마윈馬雲은 "교육은 지금 큰 도전에 직면하고 있다. 지금의 교육 방식을 바꾸지 않는다면, 30년쯤 후 우리는 심각한 문제에 부딪힐 것이다. 현재 우리는 지난 200년 동안 유효했던 지식 중심의 교육을 계속하고 있다. 하지만 아이들에게 기계와 경쟁하도록 가르칠 수는 없다. 기계는 인간보다 더 똑똑하기 때문이다. 학교는 지식 중심의 교육에서 벗어나야 한다.

우리는 아이들에게 기계와 차별화되는 인간만의 고유한 능력을 가르쳐야 한다. 가치, 신념, 독립적 사고, 팀워크 그리고 타인에 대한 배려와 같은 지식으로 학습할 수 없는 소프트스킬이 그것이다"라고 강조했다.

세계적인 베스트셀러 『사피엔스Sapiens: A Brief History of Humankind』의 저자 유발 하라리Yuval Noah Harari 교수 역시 같은 문제를 지적하며 "20세기 자동화로 인해 일자리가 기계에 의해 대체되던 변화와는 근본적으로 다른 변화가 일어나고 있다. 새롭게 생겨날 일에 요구되는 기술과 역량은 완전히 새로운 것이 될 것이며, 그것이 무엇인지는 아무도 예측할 수 없는 단계"임을 강조했다. 또한 "문제는 아무도 정서 지능, 정신적 회복탄력성, 학습 능력과 같은 역량을 대규모로 교육할 방법을 모른다는 점"이라며 안타까움을 표했다.

20세기 컴퓨터 혁명에서 시작된 기술 발전은 21세기 스마트폰, 사물인터넷IoT, 가상현실VR, 인공지능AI에 이르기까지 모든 것이 연결된 정보화 사회로의 진입을 빠르게 촉진시켰다. 이러한 변화는 공교육의 기존 틀을 송두리째 흔들고 있다. 프랑스 네텍스플로 연구소는 유네스코와 공동으로 인공지능 기술이 인간의 의사결정과 사고에 어떤 영향을 미칠 것인지를 연구하며 주목받았다. OECD(경제협력개발기구)는 미래교육혁신모델인 'OECD Learning Framework 2030'을 통해, 20세기 교육방식으로는 학생들이 미래에 직면할 문제를 해결할 수 없다고 경고했다. 이 모델은 학습자의 능동적 참여와 자기주도성을 강조하며 새로운 교육 패러다임의 필요성을 제시하고 있다.

한편 20세기 컴퓨터 혁명을 이끈 마이크로소프트 창업자 빌 게이츠는 자녀 교육과 관련된 인터뷰로 화제를 모은 바 있다. 그는 14세까지 스마트폰 사용을 금지하고, 집안에서 디지털 기기를 사용하지 않는 시간을 가지게 했다. 빌 게이츠는 디지털 기기의 유용성을 인정하면서도, 자녀들이 스스로 생각하는 법을 배우고 의미 있는 일을 찾아갈 수 있도록 돕는 가문의 교육법에 따른 것이라고 밝힌 바 있다.

이러한 흐름 속에서 '자연지능'의 중요성이 부각되고 있다. 국제사회에서 아직 자연지능에 대한 공통된 정의는 없지만, 인류 미래의 키워드인 뇌의 올바른 이해와 활용의 가치를 국제사회에 알려온 국제뇌교육협회는 유엔에 제출한 지속가능성 보고서를 통해 이를 '인간 내적역량 계발을 통한 휴머니티 회복'으로 제시하면서 이렇게 표현했다. "인간이 가진 다양한 능력 중 성공적인 성과를 이끄는 내재적 특성, 즉 동기, 태도, 가치관, 자아의식 등 개인의 행동적·심리적 요인이 포함된다. 이를 통해 정신적 회복탄력성, 인내와 용기, 자기주도성과 사명감, 영감과 통찰 등이 내적역량의 일부로 제시되었다. 바야흐로 자연지능 계발이 미래 인적자원 개발의 핵심 기제로 부상하는 시점이다.

공감, 인간과 조직을 연결하는 진짜 능력

"초능력 그게 뭔데? 사람의 진짜 능력은 공감 능력이야. 다른 사람의 마음을 이해하는 능력. 다른 사람 마음 아프게 하는 게 그게 무슨 영웅이야?" 이는 하늘을 날고, 다쳐도 치유 능력이 있어 회복되고, 투시 능력이 있는 히어로를 가진 존재를 다루는 동시에 지극히 인간적 스토리와 연출로 전 세계에 화제가 되었던 K드라마 〈무빙〉에 나오는 대사다.

미래학자 제레미 리프킨Jeremy Rifkin은 인간의 본성과 사회의 미래를 다룬 『공감의 시대The Empathic

Civilization』(2009)에서 인간이 세계를 지배하는 종으로 자리 잡을 수 있었던 이유를 공감 능력에 있다고 강조했다. 그는 인간을 '공감하는 인간'이라는 뜻의 호모 엠파티쿠스Homo Empathicus로 정의하며, 공감이 인류 생존과 번영의 핵심 요소라고 주장한다.

'공감'의 사전적 정의는 대상을 알고 이해하거나, 대상이 느끼는 상황 또는 기분을 비슷하게 경험하는 심적 현상을 말한다. 그러나 이 개념은 인간관계의 문제를 넘어, 최근 기업의 인재 채용과 조직문화에서도 중요한 화두로 떠오르고 있다. 《포춘fortune》 500대 기업의 혁신을 다룬 『공감은 어떻게 기업의 매출이 되는가The Empathy Edge』에서는 공감할 줄 아는 기업이 고객을 더 잘 이해하고, 그들의 니즈를 빠르고 정확하게 파악할 수 있다고 분석한다. 공감 능력은 고객 중심의 혁신을 가능하게 하고, 기업 경쟁력을 강화하는 데 중요한 역할을 한다. 특히 공감을 바탕으로 한 조직문화는 직원들의 근속연수를 높이고, 이직률을 줄이는 효과가 있어, 기업들이 공감형 인재에 높은 점수를 부여하고 있다.

공감과 업무 수행 능력의 상관관계

하버드 의대 헬렌 리스 교수의 연구에 따르면, 공감 능력이 부족한 사람일수록 조직에서의 업무 수행 능력이 낮다는 평가를 받았다. 실제로 적절한 피드백을 주고받지 못하는 관계는 업무에서 좋은 성과를 내지 못했다. 반면 공감 능력이 뛰어난 사람은 업무뿐만 아니라 인간관계에서도 긍정적인 평가를 얻었다. 공감은 서로에 대한 이해와 협력을 통해 조직의 성과를 높이는 데 기여한다. 이는 단순히 다른 대상이 느끼는 감정을 이해하는 것을 넘어, 그 감정을 공유하고 함께 해결책을 찾는 활동으로 이어진다.

이러한 공감형 인재에 대한 기업들의 높아진 관심은 최근 몇 년 사이 급증하고 있는 인공지능AI 기반 채용문화에서도 반영되고 있다. 특히 소프트 스킬 중에서도 공감 능력은 직무 수행에 필요한 구성원 개개인의 성격이나 특성에 대한 이해, 타인과의 상호작용, 소통, 경청 등에서 핵심적인 역할을 한다. 이는 기업들이 단순히 기술적 역량을 넘어, 사람 간의 협력과 관계 형성을 중시하고 있음을 보여준다. 공감지능을 갖춘 인재의 중요성은 20세기의 외적역량 중심에서 21세기의 내적역량 중심으로의 전환을 의미한다. 이는 서구 교육 모델에서 강조해온 '지력 중심' 사회가 새로운 교육 패러다임으로 변화하고 있음을 시사한다. 공감 능력은 이제 기업과 사회의 지속가능한 발전을 위한 핵심 역량으로 자리 잡고 있다.

나와 타인을 연결하는 신경과학적 비밀

공감은 인간의 특별한 능력이자 사회적 유대의 핵심이다. 이 공감의 기반에는 영장류의 독특한 두뇌 기제인 거울신경세포mirror neuron가 있다. 처음 마카크 원숭이의 뇌에서 발견된 미러뉴런은 이후 인간의 뇌에서도 훨씬 더 광범위하고 복잡한 형태로 확인되었다. 단순히 행동을 모방하는 원숭이와 달리, 인간은 행동의 결과뿐만 아니라 'What, Why, How'인 의도Why와 방식How까지 파악하고 복사한다는 점에서 차별화된다.

예를 들어, 평소 독서를 하지 않는 엄마가 아이에게 독서 습관을 길러주기 위해 책을 읽는 척만 한다면, 아이는 엄마의 의도와 과정까지 이미 눈치챈다. 이는 인간의 거울뉴런이 단순한 행동 모방을 넘어, 정서와 감각 영역까지 복합적으로 작용하기 때문이다. 이러한 연구를 바탕으로, 신경과학에서는 거울뉴런과 관련된 뇌활동 전체를 공유회로shared circuitry로 정의하며, 공감이 단순한 신경작용을 넘어 뇌의 협력적 정보처리 과정임을 밝혀냈다.

공감회로가 작동하지 않을 때

그렇다면 왜 어떤 상황에서는 이러한 공감 기제가 제대로 작동하지 않을까? 신경과학자 빌라야누르 라마찬드란Vilaynur S. Ramachandran은 공감과 관련된 신경 네트워크가 타인과 나를 분리하는 기제를 함께 가지고 있다고 설명한다. 이는 공감 기제가 항상 활성화되지 않고, 특정 상황에서는 억제될 수 있음을 뜻한다. 즉, 타인에 대한 공감 기제가 뇌에서 작동하더라도 그보다 강력한 조건이 발생하면 그 신호가 더 우선된다는 의미다. 대표적인 억제 요인은 스트레스다. 인간이 스트레스를 받으면 생존 본능이 우선시되며, 자율신경계의 불균형이 공감 신호를 차단한다. 이러한 스트레스 상황에서는 타인에 대한 공감보다 자신을 보호하려는 본능이 더 강하게 작용한다. 이로 인해 현대 사회에서 만성적인 스트레스와 자율신경계 불균형은 우리의 공감 능력을 약화시키는 주요 원인으로 작용한다.

공감능력 회복의 열쇠

미러뉴런이 밝혀내고 있는 과학은 공감의 열쇠는 타인에 대한 이해가 아니라, 자신에 대한 공감이 먼저라고 얘기한다. 손에 잡히지 않는 마음을 연결하는 시작은 결국 몸과의 대화에서 비롯된다. 우리는 종종 자신의 몸을 낯선 타인처럼 대하고, 외부자극과 정보에 매몰된 나머지 내부감각을 잃어버리곤 한다. 정보화 사회에서 끊임없이 사용되는 '외부감각'은 우리의 의식과 주의를 외향적으로 이끌지만, 이를 조율하지 못하면 자신과의 연결은 단절된다. 공감 능력을 되찾기 위한 시작은 나 자신의 몸과 마음을 진정으로 이해하고 받아들이는 데 있다. 자신과의 대화가 이루어질 때, 비로소 타인과의 공감도 진정성을 가질 수 있다.

회의를 시작하기 전에 자신의 몸 상태를 점검하고, 스트레스칭이라도 하고 들어가는 것은 어떨까. 중요한 회의라면, 자신의 감정상태가 균형적인 상태인지까지도 체크해보는 것이 좋다. 우리의 거울신경세포는 몸의 감각과 연결되어 있기 때문에 외부자극에 집중하느라 잃어버린 내부감각을 되찾는 것이 공감 회복의 핵심이다. 공감은 나 자신과의 연결에서 시작해, 타인과의 연결로 확장된다. 이것이야말로 우리의 거울뉴런이 작동하는 진정한 방식이며, 현대 사회가 다시 돌아봐야 할 공감의 본질이다. 공감의 시작은 타인이 아니라 나로부터이다.

'지금 자신의 몸과 공감하고 있나요?'

현대를 살아가는 우리에게 중요한 과제는
바로 나의 도파민 베이스라인을
지켜내는 것이다.

2부

마음과 행동 변화의

열쇠,

뇌

"우리는 뇌에 대한 새로운 지식들을 통해
희미하게나마 우리를 포함한
인간을 이해할 수 있게 되었고,
이것이 금세기 최고의 진보이며
인류 역사상 가장 의미 있는 일임을 깨닫기 시작했다."

— 레슬리 A. 하트Leslie A. Hart,
『인간의 뇌와 인간의 학습Human Brain and Human Learning』

뇌에 대해 가장 궁금한 세 가지 질문

현대 사회에서 뇌에 대한 관심은 그 어느 때보다도 높다. 출판계에서 뇌과학 관련 도서가 1위를 차지하고, 심리, 건강, 자기계발 분야의 도서들조차 뇌와 연관된 주제를 다룰 만큼 뇌는 과학적·사회적·교육적 중심 주제로 자리 잡았다. 이는 뇌에 대한 대중적 관심이 학문적 영역을 넘어 실생활에까지 영향을 미치고 있음을 보여준다. 내가 교수로 있는 뇌교육학과 입학생만 보더라도, 사이버대학이라는 특성과 뇌활용에 대한 관심 때문인지 입학생의 연령과 배경이 매우 다양하다. 고등학교를

갓 졸업한 청년부터 70대 후반의 시니어까지 폭넓은 연령층이 수업에 참여하고 있다. 학생들의 직업군 역시 다양하다. 유아교육 종사자, 아동청소년 두뇌발달 및 학습에 관심 있는 학부모, 상담센터 운영자 등 교육 및 심리 분야 종사자들이 대표적이다. 이 외에도 아로마·뷰티케어 전문가, 퍼스널 트레이너 등 건강 분야에서 활동하는 직종의 사람들이 뇌교육에 관심을 보이고 있다.

뇌에 대한 오해와 실질적 활용에 대한 질문

입학생들은 물론 기업 및 교육계 연수에서 가장 많이 받는 질문인 동시에 뇌에 대한 대표적 오해와 이를 둘러싼 과학적 사실에 관해 우선 얘기해보고자 한다. 이는 뇌가 이제 단순히 연구 대상으로만 머물지 않고, 마음과 행동 변화를 이끄는 핵심 열쇠로 자리 잡았기 때문이다. 보다 나은 삶의 실제적 변화를 만들 수 있는 시대를 살아가는 우리 모두에게 던지는 질문이기도 하다.

첫째, 머리가 크면 지능이 높나요?

일상적인 대화의 소재로 가장 많이 나오는 질문이다. 머리가 크다는 건 뇌가 크기 때문이라는 추론이다. 사실 인류의 진화 과정을 보면, 뇌가 클수록 지능이 높을 것이라고 생각하게 된다. 약 400만 년 전 오스트랄로피테쿠스 뇌 용량은 380~450cc, 이후 호모하빌리스 뇌 용량은 530~800cc로 커졌다. 직립 보행을 한 호모에렉투스 뇌 용량은 900~1,100cc, 현생 인류인 호모사피엔스 뇌 용량이 1,300~1,600cc이니 결과적으로 원시 인류와 비교했을 때 현생 인류의 뇌 용량이 2~3배 커진 것은 맞다. 이는 뇌 용량 증가가 인류 진화의 중요한 원동력이었음을 보여준다.

하지만 현생 인류 내부에서 머리 크기와 지능의 관계를 논하는 것은 다르다. 호모사피엔스는 이미 수렵 사회, 농경 사회, 산업 사회, 그리고 정보화 사회를 거치며 뇌를 최적화로 진화시켜왔다. 이 단계에서 뇌의 크기만으로 지능과의 상관관계를 단순히 논하기에는 어려움이 있다. 현 인류가 창조한 문명의 복잡성과 뇌의 작동 원리를 고려할 때, 머리 크기와 지능은 직접적인 상관관계가 높지 않다. 결론적으로 인류의 진화 역사로 보면 뇌 크기와 지능 간에는 연관이 있지만, 현생 인류인 호모사피엔스에서는 상관성이 크지 않다. 뇌의 크기보다는 어떻게 활용하느냐가 더 중요하다.

둘째, 인간은 뇌 기능을 10퍼센트만 활용하고 있다?

영화와 대중문화에서 자주 등장하는 이 질문은 매력적이지만, 결론부터 말하자면 '거짓'이다. 사람이 자기 뇌의 10퍼센트만 사용한다는 주장은 과학적 근거가 없는 '10퍼센트 신화'로 알려져 있다. 미국 심리학과 교수들이 공동 집필한 『보이지 않는 고릴라The Invisible Gorilla』에 따르면, 일반인뿐만 아니라 일부 심리학자와 신경과학자들까지 이 신화를 사실로 여기는 경우가 있다고 한다. 그러나 이는 명백한 가짜 뉴스다. 우리는 길을 걸을 때, 대화를 나눌 때 또는 무언가에 집중할 때 필요한 뇌의 모든 기능을 사용한다. 만약 정말로 뇌의 10퍼센트만을 사용한다면, 기본적인 신체 활동조차 제대로 수행할 수 없을 것이다. 뇌는 다양한 활동에서 동시다발적으로 작동하며, 이는 뇌 영상 촬영 기술로 쉽게 입증된다.

그렇다면 왜 이런 신화가 인기를 끌었을까? 이는 뇌의 '훈련 가능성'과 관련이 있다. 뇌는 신경가소성neuro-plasticity이라는 특성을 가지고 있어, 환경과 상호작용하며 변화하고 성장한다. 유전적 요인이 강하게 작용하는 동물들과 달리, 인간은 환경과의 상호작용을 통해 뇌의 구조와 기능을 변화시킬 수 있다. DNA는 환경과 훈련의 영향을 받아 발현 여부와 범위가 달라진다. 이는 뇌 속 1천억 개의 신경세포와 100조 개 이상의 시냅스가 만들어내는 신경망이 끊임없이 재구성되고, 학습과 경험을 통해 적응하기 때문이다.

지구상의 어떤 생명체도 인간의 뇌만큼 복잡한 구조와 기능을 가진 존재는 없다. 인간은 태어난 후에도 뇌의 끊임없는 변화를 통해 성장하며, 고도의 정신 능력을 발휘한다. 집중과 몰입, 언어 능력, 시간의 제약을 넘어 과거와 미래를 상상하는 능력, 그리고 '나는 누구인가'라는 내면 탐구는 인간만의 고유한 특징이다. 영화

〈루시〉처럼 초능력에 가까운 뇌활용 이야기는 허구에 불과하다. 오히려 오늘날의 인류 문명을 만든 인간 뇌의 창조성이 진정한 초인적인 능력 아닐까? 뇌는 우리가 생각하는 것 이상으로 능력을 발휘하고 있으며, 이를 더욱 발전시키는 것은 우리의 환경과 노력에 달려 있다.

세 번째, 나이를 먹으면 뇌는 쇠퇴한다?

노화는 누구도 피할 수 없는 숙명이다. 당연히 뇌도 노화 과정에서 단기 기억력이 저하되고, 반응 속도와 수행 능력이 느려지는 등 여러 기능이 약해진다. 뇌 신경세포, 혈류량, 신경전달물질이 감소하며, 신경세포 및 뇌혈관에 이물질이 축적되는 현상이 나타난다. 하지만 뇌의 노화를 단순히 쇠퇴로만 보는 시각은 지나치게 한정적일 수 있다. 뇌는 살아가며 축적된 경험과 지식을 기반으로 다른 방식으로 발전할 가능성이 있다. 젊은 시절의 뇌가 단순 정보처리 능력에서 뛰어나다면, 나이가 들면서 많은 경험과 지식을 축적한 뇌는 종합적인 정보처리 면에서는 월등하다. 그래서 나이가 들면 정보 인출

속도는 느려지고 간혹 충돌도 발생하지만, 사고의 폭이 확장되고 통찰과 지혜가 깊어질 가능성이 높다. 하버드 메디컬스쿨은 60대 이상의 뇌를 '지혜의 뇌wisdom brain'라고 부르며, 나이든 뇌가 가진 잠재력을 재평가한 바 있다. 이는 노화에 따른 뇌의 새로운 관점을 제시한 인식의 전환이라 할 수 있다.

흔히 나이가 들면 언어능력이 떨어진다는 것도 하나의 통념일 수 있다. 2019년 미국 버지니아대 티모시 솔트하우스Timothy Salthouse 교수의 '심리학 및 노화' 연구에 따르면, 기억력, 지각 속도, 추론 능력은 20대 이후 점진적으로 감소하다가 60대 이후 급격히 저하된다. 그러나 어휘력은 20대 이후 꾸준히 증가해 70대 이후 최고 수준에 도달한 후에도 오랜 기간 유지된다. 이는 어휘력이 다른 뇌 기능에 비해 노화의 영향을 덜 받는다는 것을 보여준다. 뇌의 기능을 유지하고 쇠퇴를 늦추기 위해 중요한 것은 세상을 어떻게 바라보느냐이다. 어린아이처럼 반짝이는 눈으로 세상을 어떻게 바라보느냐다. 호기심과 설렘을 잃지 않는 태도가 필요하다. 삶에 무료함을 느끼고 현재에 안주하며, 설렘과 열정을 잃게 되면 뇌세포는 점점 소멸되고 뇌 기능은 약화된다.

'눈에 반짝거림이 사라지는 순간,

우리 뇌는 쇠퇴한다.'

아직도 IQ 얘기하나요?

—

인간 지능에 대한 새로운 패러다임

초등학교 시절 IQ(지능지수) 검사를 했던 기억이 난다. 친구들끼리 서로의 IQ를 놓고 부러워하거나 쑥스러워 하던 순간들. 그러나 이제는 전국 단위로 IQ 검사를 시행했다는 뉴스를 찾아보기 어렵다. 그 이유는 단순하다. IQ 하나로 인간의 무한히 다양한 능력을 설명하기엔 너무 부족하기 때문이다. 지난 한 세기 동안 인간의 두뇌 능력을 설명하는 주요 개념이었던 IQ는 다중지능MI, 감성지능EQ, 창조지능CQ 등으로 확장되며 인간 지능 평가의 다양한 패러다임으로 대체되고 있다. 이는 인간의 뇌가 단순한 숫자로 정의될 수 없는 복잡성과 가능성을 가지고 있음을 반영한다.

다중지능 이론 – 인간 지능의 다양성을 이해하는 틀

IQ 중심의 100년 역사는 하버드대학교 하워드 가드너Howard Gardner가 1983년 출간한 그의 기념비적인 저서 『마음의 틀: 다중지능Frames of Mind: The Theory of Multiple Intelligences』이 출간되면서 저물게 되었다. 그가 책에서 제시한 다중지능MI: Multiple Intelligence 이론은 인간 지능에 대한 전통적 이해를 뛰어넘는 혁신적인 관점을 제시한다. 가드너는 기존의 지능 개념, 특히 IQ 시험이 인간의 다양한 지적 능력을 충분히 포괄하지 못한다고 비판하며, 지능을 단일하고 고정된 능력이 아닌 다중적인 영역으로 구성된 능력으로 바라봐야 한다고 주장했다. 가드너는 인간의 지능을 다양한 형태로 구분하며, 이를 각각 고유한 '지능'으로 정의했다. 그는 지능이 단순히 논리적·언어적 능력에 국한되지 않으며, 인간이 환경에 적응하고 문제를 해결하며 새로운 것을 창조하는 데 필요한 복합적인 능력으로 보았다.

가드너는 초기 연구에서 인간 지능을 논리·수학, 언어, 음악, 공간, 신체운동, 인간친화, 자기성찰 총 일곱 가지로 나누었다. 이후 연구를 통해 두 가지 지능을 추가해 총 아홉 가지 지능으로 확장했다. 여덟 번째 지능인 '자연친화 지능'은 자연 환경과 생태계를 이해하고 상호작용하는 능력을 의미하며 대표적인 직업으로는 생태학자나 농부를 들 수 있다. 그리고 아홉 번째 지능인 '실존지능'은 인간 존재와 삶의 본질적 질문에 대해 성찰하는 능력을 의미하며, 이러한 대표적인 직업으로는 철학자나 종교 지도자를 들 수 있다.

가드너의 다중지능 이론은 인간의 지적 능력이 획일화되거나 단일하지 않다는 인식을 교육계에 확산시켰다. 각 개인마다 두드러지는 특정 지능이 있고, 이를 바탕으로 자신만의 잠재력을 발휘할 수 있다는 개별성

존중의 특징을 보이기 때문에 전통적인 시험 중심의 교육 방식이 아닌 학생들의 다양한 지능을 고려한 교육 방식의 필요성으로 이어졌다. 그러한 영향은 창의적이고 개별화된 교육 접근법을 촉진시키는 계기가 되었다. 그러나 다중이론은 과학적으로 검증하기 어려운 부분이 있고, 지능의 분류가 지나치게 포괄적이라는 비판도 꾸준히 받아왔다. 그럼에도 불구하고 이 이론은 인간 지능의 다양성을 이해하는 데 중요한 틀을 제공하며, 특히 교육 및 심리학 분야에서 광범위하게 활용되고 있다.

지성보다 감성이 중요하다

1995년 대니얼 골먼Daniel Goleman의 감성지능EQ은 인간 지능의 또 다른 측면을 부각시켰다. 골먼이 1990년에 피터 샐로비Peter Salovey와 존 D.메이어John D.Mayer가 발표한 「감성지능」이라는 글을 토대로 쓴 『EQ 감성지능: 감성지능은 왜 IQ보다 더 중요할까Emotional Intelligence』

(1995)의 출간으로 인간의 두뇌능력 평가방식은 또 한 차례 새로운 전환점을 맞게 된다. 골먼은 "자신과 타인의 감정을 이해하고 조절하며, 인간관계를 성공적으로 이끄는 능력"을 감성지능이라고 정의했는데, 한때 국내에서도 열풍을 일으킨 감성지능은 인간 뇌의 다양한 차원을 통합한다고 알려져 있다. 감성지능은 IQ가 주도하는 시스템과 별개로 뇌 안에서 작동한다고 밝히고 있으며, 이는 단순히 논리적 사고를 넘어 정서적 통찰, 인간관계 기술, 자기조절력을 담당한다고 말한다.

감성지능에는 '인지적 무의식cognitive unconscious'이 포함되는데, 이는 우리가 살면서 축적하는 정보 데이터에 대한 무의식적인 관리를 말한다. 예를 들어 '내가 그간 만나온 사람들과 비교했을 때 이 사람은 결혼상대로 어떨까?'라든지 '지금 직장을 그만두고 다른 곳을 알아볼까?'와 같은 질문에 인지적인 능력만으로 대답하기는 곤란하다는 것이다. 우리는 어떤 문제를 해결하기 위해 삶에서 겪은 다양한 경험을 모두 끌어올 수밖에 없고, 만약 이성적으로는 '그 사람은 결혼상대로 아닌 것 같아'라고 판단하더라도 속마음으로는 본능적으로 '나는 그 사람이 좋기 때문에 결혼하고 싶어'라고 생각할 수도 있는 것이다. 이때 우리는 최선의 결정을 하기 위해 끊임없이 자문하게 되고 이성과 감성 양쪽의 소리를 다 들을 필요가 있다. 명확하게 말하기는 어렵지만 본능적으로 느껴지는 감感도 무시할 수 없기 때문이다. 그것이 바로 무의식이 답을 주는 방식이라고 골먼은 강조한다.

골먼은 자신의 책 『EQ 감성지능』에서 뇌 연구와 행동 연구를 통해 IQ가 높은 사람들이 왜 성공하지 못하는 일이 발생하며, 반대로 IQ가 낮은 사람이 왜 예상 밖의 성공을 거두는지에 대해 강조한다. "우리는 이제껏 인생에서 IQ로 측정되는, 순전히 이성의 차원에 대해서만 지능의 가치와 중요성을 지나치게 강조해왔다." 그가 제기하는 주장을 한마디로 요약하면 이렇다. "좋든 싫든, 지성은 감성에 의해 잘 통제되지 않으면 말짱 헛수고다."

눈여겨봐야 할 것은 골먼이 감정 조절과 스트레스 완화에 동양의 명상meditation이 큰 도움을 준다고 강조했다는 점이다. 골먼은 하버드 의대 예비 과정 중에 교환 학생으로 인도에 가서 고대 아시아 종교의 심리학과 명상 수행 체계에 대해 집중적으로 연구했다. 그는 명상이 의사결정 과정에서 오는 스트레스 자극을 조절하는 데 유의미한 도움이 되는지를 연구했고, 명상을 통해 부교감신경 상태를 유도해 뇌와 몸의 균형을 회복할 수 있다고 주장했다. 이 내용을 바탕으로 골먼은 『명상 체험의 다양성Varieties of Meditative Experience』이라는 제목의 책을 출간했으며, 얼마 후에 『명상하는 마음The Meditative Mind』으로 제목을 바꿔 재출간했다.

창조지능과 인간 뇌의 잠재성

감성지능 다음으로 등장한 창조지능Creative Intelligence, CQ은 현대 사회와 조직의 성공을 이끄는 중요한 능력으로 주목받고 있다. 이는 새로운 아이디어를 창출하고 이를 실현하는 능력을 의미한다. 창조지능은 직관, 상상력,

혁신, 영감의 인간의 창의적 능력 네 가지를 바탕으로 문제를 해결하거나 새로운 가치를 만들어내는 데 중점을 둔다.

창조지능의 주요 특징으로는 네 가지가 있다. 첫 번째로 창조지능은 새로운 아이디어 창출 특징을 보인다. 기존의 틀을 넘어 새롭고 독창적인 아이디어를 떠올리는 능력을 포함하는데, 이는 상상력을 기반으로 하며 전혀 연관이 없어 보이는 요소를 연결해 새로운 가능성을 발견하는 과정을 포함한다. 두 번째로 창조지능은 문제 해결 능력의 특징을 지닌다. 복잡하고 비정형적인 문제를 창의적으로 해결하는 데 필요한 사고력은 창조지능으로부터 나오며, 이는 기존의 해결책으로 접근하기 어려운 상황에서 혁신적인 대안을 찾는 데 유용하다고 알려져 있다. 세 번째로 실행 중심의 특징이 있다. 창조지능은 단순히 아이디어를 떠올리는 데서 그치지 않고, 이를 실행으로 옮겨 가치를 창출하는 데 초점을 둔다. 창의성과 실행력의 결합은 창조지능의 핵심 요소다. 네 번째로 유연성이 있다. 이는 다양한 관점에서 문제를 바라보고, 빠르게 변화하는 환경에 적응할 수 있는 능력을 말하며, 불확실성과 복잡성이 높은 현대 사회에서 필수적인 요소로 꼽힌다.

창조지능이 현대 사회에서 중요하게 여겨지는 이유는 다음과 같다. 디지털 기술의 발전과 창조경제로의 전환이 가속화되는 시대에는, 단순히 기존 기술을 활용하는 것을 넘어 새로운 솔루션을 설계하는 능력이 요구된다. 창조지능은 이 과정에서 핵심적인 역할을 한다. 또한 지속가능성, 환경 문제, 빈부 격차 등 글로벌한 도전 과제를 해결하기 위해 창조적이고 혁신적인 접근이 필요하다. 창조지능은 이러한 문제들에 대한 독창적 해결책을 제안하는 데 도움을 준다. 마지막으로 창조지능은 개인의 직업적 성과와 자기계발에도 중요한 영향을 미친다. 창의적 사고와 실행력은 변화하는 노동시장과 조직 내에서 경쟁력을 유지하는 데 필수적이다.

그래서 요즘은 이러한 창조지능을 키우기 위해 어린 시절부터 다양한 경험을 하도록 권장한다. 새로운 환경과 경험을 통해 다른 관점을 받아들이고 창의적 아이디어를 떠올릴 기회를 제공하는 것이다. 이외에도 창조지능을 키우기 위해선 기존의 관습과 사고방식을 의심하고 새로운 가능성을 탐구하는 연습이 필요하며, 다양한 배경과 경험을 가진 사람들과 협력하면서 더 넓은 시야를 확보하는 것이 중요하다. 그리고 아이디어를 실행에 옮겨 성공과 실패를 반복하며 창조성을 강화할 필요가 있다. 실행 경험이야 말로 창조지능을 발전시키는 데 중요한 요소이기 때문이다.

IQ에 갇힌 편견에서 벗어나기

하지만 뇌과학이 인간 지능에 대한 새로운 연구들을 밝혀냄에도 불구하고, IQ를 인간 지능의 절대적 척도로 여기던 시대를 거친 부모들은 여전히 공부를 잘하면 '머리'가 좋다고 말하고, 체육, 음악, 미술 등 분야에 돋보이면 '재능'이 높다고 표현한다. IQ가 만들어낸 가장 잘못된 편견은 바로 인간 뇌가 가진 무한한 창조성의 발현을 거대한 사회적 관념으로 막아왔다는 점이다. 개개인의 잠재된 두뇌능력을 이끌어내는 시작은 바로 그러한 막을 벗겨내는 것에서부터 출발한다. 뇌를 바라보는 인식의 틀이 고착화되는 순간 인공지능과 공존할 인류 첫 세대와의 소통에 장애가 생긴다. 이제는 인간의 뇌가 가진 잠재성에 대한 새로운 인식으로 전환할 때이다.

'아직도 IQ 얘기하나요?'

신이 내린 재능과 인간 뇌의 무한한 가능성

—

서번트 증후군이 주는 메시지

몇 년 전 자폐스펙트럼 장애ASD를 가진 주인공이 등장한 드라마가 큰 화제를 모았다. 이 드라마의 주인공은 자폐스펙트럼 장애 중에서도 서번트 증후군인 고기능 자폐인이었으며, 천재적인 재능을 지닌 인물로 묘사되었다. 하지만 이러한 사례는 전 세계적으로 매우 드물다. 자폐스펙트럼 장애를 다룬 드라마는 사회적·문화적 반향을 불러일으키며 대중에게 자폐에 대한 인식을 높이는 데 기여했으나 이러한 묘사가 자폐스펙트럼 장애에 대한 비현실적 기대나 편견을 형성할 위험도 있다.

'자폐自閉'란 자신만의 세계에 갇혀 지낸다는 의미로 사회적인 상호작용과 의사소통에 어려움을 보이면서 제한적이고 반복적인 행동을 보이는 신경발달장애로 분류된다. 드라마 속 대사인 "자폐의 공식적인 진단명은 자폐스펙트럼 장애입니다. 스펙트럼이라는 단어에서 알 수 있듯 자폐인은 천차만별입니다"라는 말처럼, 자폐는 매우 다양한 양상으로 나타난다. 드라마 〈이상한 변호사 우영우〉 같은 서번트 증후군을 가진 자폐인은 극히 소수다. 중증 장애를 가진 동시에 천재적인 재능을 보이는 사람을 서번트 증후군이이라고 지칭하지만, 이들의 장애를 고려하면 단순히 '재능'이라는 단어로 표현하기에는 부족함이 있다.

서번트 증후군은 매우 희귀한 현상으로, 자폐스펙트럼 장애를 가진 사람들 중에서도 극소수만 해당된다. 대부분의 자폐인은 천재적 능력을 지니지 않을 수 있으며, 이들은 주로 사회적 상호작용, 의사소통, 감각 처리 문제 등에서 어려움을 겪는다.

좌뇌 손상-우뇌 보상이론

서번트 증후군에 대한 연구의 권위자인 대럴드 트레퍼트Darold A. Treffert 교수를 비롯한 관련 연구자들이 제시하는 가장 설득력 있는 근거는 '좌뇌의 손상과 우뇌의 보상이론'이다. 좌뇌 측두엽의 손상이 특정 우뇌 영역의 활성화를 촉진해 비범한 재능이 발현된다는 것이다. 실제 서번트증후군 대부분이 좌뇌 측두엽의 장애를 안고 있거나, 좌우뇌의 유기적 연결성의 문제로 인해 우뇌의 특정 영역의 능력이 발현되는 경우가 많다. 이러한 이론은 서번트들이 주로 시각적, 청각적 기억 능력에서 놀라운 성취를 보이는 이유를 설명한다.

1988년 개봉한 영화 〈레인맨〉은 서번트 증후군에 대한 대중적 관심을 크게 높였다. 이 영화는 경이로운 기억력을 소유한 자폐증을 가진 형(더스틴 호프먼)과 이기적인 동생(톰 크루즈)의 형제애를 다룬 휴먼 드라마다. 개봉 당시, 이 영화는 "지난 101년 동안의 서번트에 대한 관심을 101일 만에 초과했다"는 평가를 받으며 서번트를 세상 밖으로 조명했다. 레이몬드 역할을 맡은 더스틴 호프만은 원래 동생 찰리 역할을 맡을 예정이었으나, 서번트 증후군을 가진 레슬리 렘키Leslie Lemke의 이야기를 듣고 눈물까지 흘릴 정도로 깊은 감동을 받아 레이몬드 역할로 변경했다고 한다.

영화 〈레인맨〉의 실제 모델인 킴 픽Kim Peek은 책을 한 번 넘기면 모든 내용을 기억하는 놀라운 능력을 가진 서번트로, 여러 다큐멘터리에서 소개되기도 했다. 자폐증이나 지적 장애를 가지고 있으면서도 음악, 미술, 수학 등 특정 분야에서 천재적인 능력을 발휘하는 이들은 지난 100년 동안 전 세계적으로 약 100명가량 있는 것으로 알려져 있다. 과거에는 '이디엇 서번트idiot savant'로도 불렸는데, 이는 일반적인 지적 능력은 낮지만 특정 분야에서 뛰어난 재능을 보이는 사람을 지칭하는 용어다. 이 표현은 19세기 영국의 의사 존 랭던 다운John Langdon Down이 처음 사용했으며, 프랑스어로 '학자'나 '석학'을 의미하는 'savant'와 '바보'를 뜻하는 'idiot'을 결합한 것이다. 그러나 '이디엇 서번트'라는 용어는 'idiot'이

모욕적인 의미를 담고 있어 현재는 사용되지 않으며, 대신 '서번트 증후군'이라는 표현이 일반적으로 사용되고 있다.

호프만이 눈물을 흘렸다는 사연의 인물인 렘키Leslie Lemke는 시각장애와 경도 지적장애, 뇌성마비를 가졌음에도 불구하고, 열 살 때 난생처음 들은 차이콥스키의 협주곡을 그 자리에서 완벽히 재현했다고 알려져 있다. 그는 아무리 복잡한 곡이어도 100퍼센트 똑같이 연주해냈으며, 심지어는 자신이 좋아하는 스타일로 편곡하기도 했다. 렘키는 알지도 못하는 그리스어로 부른 노래를 자신의 절대음감을 이용해 피아노 연주곡으로 바꿀 수 있었을 뿐만 아니라 그리스어로 완벽히 재현해내기도 했다. 그는 보통의 서번트들과 달리 모방의 단계를 벗어나 창조적 단계로 성장했다는 점에서 주목을 받은 인물이기도 하다.

서번트가 보여주는 장애와 재능의 경계 넘기

이러한 서번트들은 초인적인 능력을 보여주지만, 이들 또한 불치의 장애를 딛고 끊임없는 훈련과 도전 속에서 자신의 재능을 꽃피웠다는 점을 간과해서는 안 된다. 실제로 많은 서번트 중에서도 두드러진 천재적 재능을 보이는 이들은 대부분 자신이 처한 상황에 아랑곳하지 않고 끊임없는 도전과 훈련을 통해 모든 에너지를 쏟아내고 재능을 무한대로 확장시켜왔다.

또한 비범한 서번트의 뒤에는 언제나 무한한 믿음과 사랑을 주는 후원자가 있었다. 이들이 가진 재능이 빛을 발하기까지 가족, 친구, 멘토 같은 후원자들의 절대적 신뢰와 지지가 필수적이었다. 〈이상한 변호사 우영우〉에서도 주인공에게 무한한 사랑과 신뢰를 보내는 아버지의 존재는 절대적이며, 동료 변호사와 연인과 같은 인물들이 우영우의 성장을 돕는 중요한 역할을 한다. 이는 우리에게 장애나 단점이 있더라도 주변의 신뢰와 지지를 통해 성장할 수 있음을 상기시킨다. 서번트들은 단점을 극복하기보다 장점을 극대화하는 방향으로 나아가며, 이를 통해 오히려 단점이 승화되는 과정을 보여준다.

모든 사람은 누구나 다 장점과 단점을 갖고 있다. 대부분의 사람들은 장점을 키우기보다 단점을 부각시키고, 자신의 장점은 보지 못하고 타인이 지닌 장점만을 부러워한다. 서번트 증후군은 단지 '천재성'만을 조명하는 현상이 아니다. 이는 인간의 뇌가 가진 창조성과 무한한 가능성을 일깨우는 동시에, 장애와 재능의 경계를 넘어서는 도전 정신을 상징한다. 특히 서번트 치료의 방향이 장애 극복보다 재능 개발에 초점을 맞추는 현재의 추세는 우리에게 중요한 메시지를 준다. 자신의 강점을 키우는 과정이 단점을 보완하는 효과적인 방법임을 서번트들은 몸소 보여준다.

서번트 증후군은 인간 뇌의 복잡성과 가능성 그리고 이를 둘러싼 인간관계의 중요성을 상징적으로 보여준다. 불치의 장애와 신이 내린 재능을 동시에 가진 서번트들이 보여주는 끊임없는 도전과 신뢰의 관계는 우리에게 본질적인 질문을 던진다. 우리는 자신의 단점에 매몰되지 않고, 강점을 어떻게 발휘하며 세상과 소통할 것인가? 이는 단지 서번트 증후군에 국한된 질문이 아니다. 우리 모두가 자신의 재능을 발휘하며 더 나은 삶을 꿈꾸도록 이끌어주는 교훈이다. 서번트들의 이야기는 인간 뇌의 창조성이 발현되는 과정에서 필요한 요소가 무엇인지에 대한 새로운 관점을 제공한다. 불치의 장애와 신이 내린 재능을 동시에 갖고 있는 서번트들이 보여주는 절대적 믿음과 사랑 그리고 끊임없는 도전정신은 뇌가 가진 창조성에 대한 새로운 자각과 더불어 인간의 본질에 대한 자성의 목소리를 들려준다.

뇌는 움직임을 원한다

"뇌를 어떻게 하면 발달시킬 수 있나요?" 기업 및 교사 직무연수나 학부모 대상 두뇌 특강에 가면 가장 많이 듣는 질문 중 하나다. 이제는 질문을 바꾸는 것이 필요하다. "지금 나는 나의 뇌를 어떻게 생각하고 있나요?"라고. 우리들은 무의식적으로 뇌를 심장이나 간, 신장처럼 단순한 생물학적 기관으로만 바라보는 경향이 있다. 고대 이집트인들은 내세來世에 영혼이 잠들 육체가 있어야 한다는 믿음으로 미라를 만들었다. 그들은 심장을 생명의 근원으로 여겨, 미라를 만들 때 모든 내장을 꺼내 없애지만 심장만은 제거하지 않았다. 그렇다면 뇌는 어떻게 했을까? 코를 통해 쇠꼬챙이나 빨대로 흡착해 제거해버리거나 이마를 잘라 꺼내어 없애버렸다. 이집트인들은 심장을 감정과 사고, 의지와 마음가짐을 좌우하는 생명의 근원이라 믿었지, 뇌는 관심의 대상이 아니었다.

하지만 오늘날 우리는 뇌가 감정, 사고, 의지, 그리고 인간다움을 만들어내는 핵심 기관임을 알고 있다. 신체기관을 바꾸는 것과 뇌를 바꾸는 것은 완전히 다른 문제다. '뇌'는 인체에서 유일하게 정신활동을 담당하는 생물학적 기관이라 '뇌'를 바꾸면 사람이 바뀌는 문제가 일어난다. '마음' 작용의 본질이 심장에서 뇌로 바뀐 것은 인류 과학의 위대한 산물이다.

움직임이 뇌를 깨운다

하지만, 여전히 많은 사람들은 뇌를 단순히 쭈글쭈글한 형상으로만 떠올린다. 이는 뇌를 변화와 계발의 대상으로 인식하지 못하는 한계를 보여준다. 무의식적으로 뇌를 생물학적 기관으로 생각하느냐 변화와 계발의 대상으로 받아들이느냐의 차이이다. 뇌가 하는 일은 기본적으로 바깥에서 오는 정보를 알아차리는 것인데, 그 바깥의 대표적인 것이 '몸'이다. 몸에 변화를 주면 뇌가 깨어나는 것이다. '움직임'은 뇌 발달의 근간이다. '동물'의 '동動'은 '움직일 동'으로, '움직임motion'은 동물과 식물을 구분 짓는 기준이다.

생물종의 진화적 측면에서 볼 때 만물의 영장인 인간은 움직임의 다양성과 복잡성, 감정기제를 통한 행동의 예측 그리고 언어와 고등정신기능을 가진 생명체다. 동물의 생명은 움직임으로 시작되고, 나이가 들면 점차 움직임이 둔해져간다. 그러다 움직임이 멈추면 생을 마감하게 된다. 뇌를 깨우는 시작은 다름 아닌 움직이는 것이다. 동물들은 태어나자마자 걷고 뛰는 능력을 발달시키지만, 인간은 걷고 뛰기까지 오랜 시간이 걸린다. 인간 뇌의 복잡성은 바로 이 느린 성장 과정에서 신체, 정서, 인지 단계의 특별한 발달로부터 이루어진다.

태어나는 순간 300~400그램에 불과한 태아의 뇌는 약 12세가 되면 3~4배까지 증가한다. 이는 지구상의 생명체 중 인간이 가진 두드러진 특징이다. 아기는 방바닥을 기어 다니거나 아장아장 걸으면서 두뇌의 운동영역이 발달하고, 소리를 내어 책을 읽거나 말을 하는 과정에서 언어영역이 성장한다. 손에 잡히는 것은 무엇이든 만지작거리거나 조작하는 동작들은 손의 감각 영역과 관련된 신경망을 발달시킨다. 그 무엇 하나 뇌와 연결되지 않는 것이 없기 때문에, 몸의 어느 부분이든 단련하게 되면 해당 뇌의 영역이 동시에 발달하게 된다.

움직임과 뇌의 상관관계

뇌는 기본적으로 외부자극에 의해 끊임없이 발달하며, 이는 우리 삶과 행동에 깊이 영향을 미친다. 태아로 있을 때부터 끊임없는 외부자극을 받으며 뇌는 복잡한 신경회로를 만들어내기 시작한다. 세상 밖으로 나온 이후에는 외부자극은 더욱 다양하고 강렬해진다. 특히 어린 시절의 뇌는 외부자극에 민감하여 자극을 받을수록 빠르게 발달한다. 따라서 이 시기에 적절한 신체활동과 운동은 뇌의 성장과 발달에 핵심적인 역할을 한다.

어린 시절의 뇌 발달은 세 가지 주요 단계로 나뉜다. 첫째, 뇌는 자신의 몸과 소통하며 신체에 대한 조절 능력을 키운다. 이는 신체의 움직임을 통해 근육, 관절, 감각 기관 등이 뇌와 긴밀히 연결되는 과정을 의미한다. 둘째, 감정 기제가 발달하면서 정서적 균형과 조절력이 형성된다. 셋째, 신체와 감정 조절 능력이 갖춰지면 비로소 인지적 학습이 본격적으로 이루어진다. 이는 아이가 환경과 상호작용하며 지식을 습득하고 문제를 해결하는 데 필요한 토대를 마련하는 과정이다.

그러나 움직임이 결여되면 뇌 발달은 둔화된다. 현대인의 생활방식은 과도한 정적인 활동과 신체적 움직임의 부족으로 특징지어지며, 이는 감정 및 인지기능의 불균형을 초래한다. 예를 들어, 장시간의 좌식 생활은 뇌와 신체 간의 연결을 약화시키며, 이는 감정적 불안정과 인지능력 저하로 이어질 수 있다. 따라서 뇌를 깨우는 첫걸음은 신체 활동을 통해 뇌와 몸의 관계를 재구성하는 것이다. 뇌가 한창 공사를 하고, 뇌유연성이 큰 어린 시절에 운동습관을 형성해야 하는 이유가 여기에 있다. 뇌교육의 기본 프로그램인 '뇌체조'는 뇌와 몸의 관계를 이해하고, 신체조절능력을 습관화하는 면에서 인간 두뇌 발달의 기제와 맞닿아 있다.

뇌와 몸의 통합

결국 아이의 뇌는 자신의 몸과의 소통을 통해 신체에 대한 조절력을 키우는 것이 첫 번째요, 감정기제의 발달과 조절이 두 번째, 마지막이 인지학습의 단계이다. 자신의 몸을 먼저 조절하고 나서 몸 바깥의 대상과 상호작용을 하는 순서인 셈이다. 아장아장 기어 다니다가 두 발로 서고, 자신의 몸을 마음껏 쓰기 시작하면서 감정의 소통이 이루어지고, 학습이 본격화되는 유아들의 성장

드라마를 유심히 살펴보면 인간 뇌의 특별한 발달과정이 이해된다.

움직임은 감정과도 밀접한 관련이 있다. 뇌 안쪽에 자리한 생명중추기제와 인체 자율신경계의 균형이 깨어지면 감정의 출렁거림이 발생한다. 감정관리에 있어 신체 균형을 회복하는 것이 중요한 이유다. 그래서 '스스로' 하는 움직임의 행위를 타인에게 의존하고 그 기회를 지나치게 박탈당하게 되면, 다음 단계로의 진입에 그만큼 장애가 생긴다. 동물은 부모 뇌기능의 대부분을 갖고 태어나지만, 고등동물인 인간은 태어난 이후 환경과의 상호작용을 통해 신체, 정서, 인지사고 단계의 특별한 두뇌 발달 구조를 갖고 있기 때문이다.

결국 뇌를 발달시키는 핵심은 뇌를 단순한 생물학적 기관으로만 보지 않고, 변화와 계발이 가능한 대상으로 인식하는 데 있다. 뇌는 고정된 구조가 아니라 지속적으로 변화하고 성장할 수 있는 잠재력을 지니고 있다. 이러한 관점에서 우리는 뇌와 몸의 관계를 재구성하고, 자신의 상태를 깊이 이해하는 과정을 시작해야 한다. 이는 움직임을 통해 감각과 정서를 통합하고, 인지적 성장의 토대를 마련하는 것을 포함한다.

'뇌는 움직임을 원한다.'

감정은 마음 영역이 아니다

내가 교수로 있는 대학에 74세 나이로 입학한 모 학우는 졸업 후 감정코칭 강사로 활동하는 경로당에서 인생 후배들을 위한 강의를 이어가고 있다. 첫 강연 무대에서 "나이가 들면 움직이는 것부터가 감정의 충돌이다"라고 한 말이 지금도 뇌리에 선명하게 남아 있다. 이는 오늘날 학문에서 제시하는 '감정'에 대한 기제를 너무나 잘 표현한 말이라서다.

생물종의 진화에서 감정보다 움직임이 먼저다. '감정e-motion'은 '움직임motion'이 내재화되지 않고 외부로 발산되는 형태로, 움직임과 감정은 동전의 양면과 같다. 몸 상태가 좋을 때는 외부자극을 대수롭지 않게 넘기지만, 피로하거나 지쳤을 때는 사소한 자극에도 감정이 쉽게 요동친다. 이것이 감정관리를 논할 때 신체 균형을 놓을 수 없는 이유다. 이를 뇌 구조적 관점에서 감정을 들여다보자.

감정 기제, 생명 중추와 이성적 사고를 잇는 다리

만물의 영장이라 불리는 '인간의 뇌Human Brain'는 지구상에서 가장 발달된 복잡한 기능과 구조를 갖추고 있다. 1950년대 미국의 신경과학자 폴 맥린Paul MacLean은 인간의 뇌를 진화 발달에 따라 세 가지 층으로 구분한 '삼위일체 뇌' 이론을 제시했다. 실제로 인간 뇌의 구조와 기능은 너무나 복잡하지만, 교육 및 훈련 분야에서 뇌활용 측면에서 사용되기도 한다.

단계별로 가장 안쪽 1층에는 생명 유지를 담당하

며, '파충류의 뇌'라고도 불리는 뇌간brain-stem이 있고, 그 바깥쪽 2층에는 감정과 본능을 관장하는 대뇌변연계limbic system가 있으며, 가장 바깥쪽인 3층에는 이성과 사고 기능을 담당하는 대뇌피질neo-cortex이 있다. 이 세 층은 서로 긴밀하게 연결되어 있기때문에 아래층이 잘 돌아가야 상층의 고차원적 기능이 제대로 역할을 할 수 있다. 1층인 뇌간이 부실하면 상위층에서 감정과 이성적 기능의 발현이 제대로 이루어지지 않는다. 보통 몸이 건강하면 주변의 작은 자극에도 흔들리지 않지만, 반대로 몸 상태가 나쁘면 감정이 쉽게 요동친다. 결국 신체 균형을 잡는 것이 감정 관리의 첫걸음이다.

세계적인 뇌석학인 안토니오 다마지오Antonio Damasio 교수는 인간 정서에 대한 과학적 연구를 통해 "인간의 의사결정은 감성에 의해 크게 좌우된다. 인간은 합리적 결정보다는 정서적 기억과 상태에 따라 많은 영향을 받는다"고 제시한 바 있다. 이는 감정과 이성적 사고 간의 관계성을 보여주는 대표적 사례다.

감정에 대한 오해

우리 사회는 감정에 대해 대체로 부정적 인식을 가지고 있다. 흔히 '저 사람 참 감정적이야', '감정에 휩쓸리면 안 돼'라는 표현만 보더라도 감정에 대한 부정적인 인식이 무의식적으로 자리하고 있음을 알 수 있다. '감정感情, Emotion'에 대한 사전적 정의는 '어떤 현상이나 일에 대하여 일어나는 마음이나 느끼는 기분', '외부자극에 대한 단기적·인지적 반응', '움직임 차원에서 밖으로 향하는 움직임' 등 학문적 접근에 따라 다양하게 변화되어왔다. 과학에서 바라보는 감정은 긍정도 부정도 아닌, 생명작용 그 자체다. 감정 기제 중에서도 공포는 생존과 직결된다. 뇌를 가진 척추동물에는 공포와 부정적 기억을 담당하는 '편도체amygdala'라는 영역이 별도로 존재한다. 대뇌변연계에 속해 있으면서 감정적 정보처리의 주요 역할을 하는 편도체는, 외부의 정보를 민감하게 처리해 상황에 맞는 행동을 유도한다. 실제로 편도를 제거한 쥐는 밀폐된 공간에 고양이와 같이 두더라도 고양이를 더 이상 고양이를 무서워하지 않고 다가간다. 기존의 공포기억이 존재하지 않으니, 두려움보다 호기심이 작동하는 것이다. 이는 감정이 생존을 위해 진화된 기제임을 보여준다.

감정의 출렁거림

감정이 생존을 위해 진화된 움직임이라면, 신체 균형의 깨어짐은 감정의 변화를 만든다. 당연히 그 반대로도 상호 영향을 미치지만, 생명중추 기제가 뇌의 가장 안쪽에 자리한 만큼 더 상위에 있는 감정과 인지사고에 신체가 끼치는 영향이 훨씬 크다. 즉, 우리가 인지해야 하는 명확한 사실은 감정이 신체보다 먼저가 아니라는 사실이다. 그렇다면 감정에 영향을 미치는 신체 균형의 핵심은 무엇일까. 생물체라면 갖고 있는 가장 기본적인 기제인 '항상성恒常性, Homeostasis'이다. 항상성은 외부 환경변화 속에서도 생명 활동을 지속하도록 인체를 일정하게 유지하는 성질 또는 그런 현상을 말한다. 한마디로 하면 생명을 유지하도록 하는 베이스캠프다. 감정의 변동은 자율신경계 균형의 깨어짐, 즉 항상성 문제에서 비롯된다. 자율신경계自律神經系, ANS는 대뇌의 직접적 지배를 받지 않고, 이름 그대로 '자율적'으로 작용하는 것이 기본이다. 자율신경계를 이루는 두 축인 교감신경과 부교감신경은 서로 길항작용을 한다. 즉, 서로 반대의 작용을 하는 것처럼 보이나 각각 개별적으로 작동하며 상호작용하는데, 이 균형이 깨질 경우 감정 기복이 일어나게 된다. 이런 자율신경 기능의 문제가 현대인들에게 급증하고 있는 '자율신경실조증'의 주요 원인이다.

'잘 먹고, 잘 자고, 잘 싸면 해결된다'는 자율신경 문제는 국제사회에서도 커다란 이슈다. 2016년부터 2030년까지 국제사회의 새로운 지표로 제시된 지속가능발전목표SDGs 17개 항 중 제3항 '건강과 웰빙'에는 과거 특정 전염성 질병이 중심을 이루었던 것과는 달리 소위 생활습관병이라고 불리는 비전염성 질환, 약물 남용, 환경오염으로 인한 질환 등 멘탈헬스 증진과 웰빙을 위한 포괄적 관리가 중점으로 반영되었다. 당시 세계보건기구WHO 마거릿 챈Margaret Chan 사무총장은 "건강 관련 개발 목표에 비전염성 질환이 포함된 것은 역사적인 전환점이 될 것이다. 마침내 이 질병들이 필요한 관심을 받게 됐다"고 선언할 정도였으며, WHO는 비전염성 질환NCDs 관리를 2030년까지 지속가능발전목표SDGs의 핵심 과제로 설정하며 자율신경계 균형 회복을 중요하게 다뤘다. 주목할 만한 사실은 현대인들의 감정의 출렁거림이 이제는 일상적일 정도로, 현대인 대다수가 자율신경계의 부조화 상태에 놓여 있다는 점이다.

감정관리의 시작, 몸과의 대화

그렇다면 자율신경 부조화 상태를 어떻게 극복할 수 있을까. 자율신경계를 조절하는 열쇠는 바로 호흡이다. 화가 나거나 불안할 때 호흡이 가빠지면서 감정이 격해지는 경험을 떠올려보자. 반대로 깊고 안정적인 호흡은 감정을 가라앉히고 몸과 마음을 안정시킨다. 호흡은 자율신경계 중 유일하게 의식적으로 조절가능한 영역으로, 이를 통해 인체 항상성을 회복할 수 있다. 이러한 이유로 두뇌훈련 분야 국가공인 자격인 브렌트레이너 공식교재에는 '호흡 훈련'이 두뇌훈련법 종류에 포함되어 있다.

감정관리의 출발은 몸이다. 자신의 몸을 낯선 타인처럼 대하는 대신, 몸과의 대화를 시작해야 한다. 뇌교육Brain education에서는 이를 위한 첫걸음으로 '뇌체조'를 활용한다. 단순 스트레칭과 달리 동작, 호흡, 의식으로 구성된 3요소를 결합해 근육과 관절을 이완하고 몸과 마음의 상호작용을 촉진하는 뇌체조는, 자극이 오는 신체 부위에 의식을 집중하고 몸의 감각을 느끼며 호흡하는 것을 말한다.

뇌교육에서는 뇌를 생물학적 대상이 아닌 활용과 계발의 대상으로서 바라보도록 한다. 뇌체조를 통해 내 몸의 감각을 회복하고 그러한 감각을 알아차리는 두뇌 인지 기능이 확장되면 비로소 감정은 억제가 아닌 조절의 대상이 된다. 결국 '감정은 내가 아니라 내 것이다'라는 원리를 깨닫는 과정이 중요하다. 누구나 뇌를 가지고 있지만, 뇌를 제대로 사용하는 사람은 많지 않다. 21세기는 자기계발의 시대이며, 자기역량 강화의 열쇠는 뇌를 올바르게 활용하는 데 있다.

'감정, 어떻게 바라보고 있나요?'

인성을 다시 생각하다

—

지덕체智德體를 넘어

'인성人性'을 바라보는 관점이 달라지고 있다. 현대 교육의 상징처럼 자리 잡은 '지덕체智德體'의 첫 번째 자리에 위치한 '지智'는 오랜 세월 동안 공교육 시스템의 중심이었다. 특히 18세기 산업혁명 이후 체계화된 공교육 시스템은 지난 200년 동안 국가 차원의 인적자원 개발을 지식 중심으로 이끌어왔다. 그동안 인성은 대안교육의 상징처럼 여겨지며, 교육의 주요 목표에서 다소 소외된 것이 사실이었다. 동일한 교과과정을 일정 시간 동안 배우며 국가 발전의 핵심 원동력으로 자리했던 교육 체계는 지식 기반 사회에서 당연히 '지력智力'을 중시할 수밖에 없었다. 하지만 21세기에 들어서며 인성을 바라보는 시선에 변화가 일어나고 있다.

세계적으로 큰 주목을 받고 선한 영향력을 끼친 한 아이돌 그룹의 성공 배경에서도 이러한 변화를 엿볼 수 있다. 소속사 대표는 초기 멤버 선발 과정에서 '재능'보다 '인성'을 더 중요하게 여겼다고 여러 인터뷰를 통해 밝혔다. 그는 인재의 세 가지 요소로 손꼽는 신체, 기량, 인성 중에서 세 번째 요소인 인성에 남다른 비중을 두었다. 여기서 인성은 단순히 도덕성에 그치지 않고 열정, 끈기, 성실성, 협동심 등 포괄적인 요소를 포함한다. 신체적 매력은 호감을 갖게 하고, 기량은 해당 능력을 발휘하는 데 있어 직접적인 영향을 미치지만, 지속성 차원으로 확대하면 인성이 가장 중요한 것이 사실이다. 인간의 내재적 요소가 결국 잠재성 계발로 이어지고, 밖으로 드러나는 태도가 사람들에게 긍정적 영향을 미치기 때문이다.

20세기에는 지식과 기술이 인간 역량의 대표적 척

도였지만, 21세기는 보이지 않는 내적 요소가 더욱 주목받고 있다. 최근 기업들이 면접 시간을 늘리고 채용 방식을 고도화하는 것도 이러한 변화와 무관하지 않다. 특히 인적자원개발에서 중요한 지표로 떠오른 '태도 Attitude' 역시 몸과 마음의 상태가 외부로 나타나는 것으로 이른바 인간의 내적역량을 의미한다. 모든 것이 연결된 정보화 사회로의 진입과 인공지능 시대의 출현이 인성을 도덕적 덕목을 넘어 인간 내적역량 계발 차원에서 새롭게 바라보게 하고 있는 셈이다. 그렇다면 왜 우리는 지덕체智德體 모델에 바탕을 두고 교육을 지속해온 것일까. 우리가 간과하고 있었던 것은 무엇일까.

몸과 마음의 상호작용

고대 그리스 철학은 2천 년이 넘는 세월 동안 인간 본질에 대한 깊은 통찰을 제공해왔다. 델포이의 아폴론 신전 기둥에 새겨진 "너 자신을 알라"는 메시지는 여전히 강력한 영향력을 발휘한다. 르네 데카르트Rene Decartes, 1596~1650의 "나는 생각한다, 고로 존재한다"라는 명제 또한 근대 철학과 교육 전반에 막대한 영향을 끼쳤다. 데카르트는 "우리의 마음은 우리 몸과 별개이며 기능적으로 독립되어 있다. 몸의 감각은 그릇된 정보를 전달해 오도할 수 있으므로, 지식을 얻고 사고하는 과정에서 몸의 역할을 제한해야 한다"고 주장하며, 이성적 사유를 최고의 가치로 삼았다. 이후, 수백 년 동안의 근대교육 시스템은 데카르트의 심신이원론과 이성적 인간관을 기초로 발전되어 왔다. 18세기 산업혁명은 표준화된 교과체계에 불을 지폈고, 오늘날 지덕체 교육모델은 20세기 후반까지 지구상 공교육 체계는 지력 중심으로 공고해졌다.

하지만 인류 과학의 발전은 이러한 사고방식에 도전하며, 몸과 마음의 상호작용에 기반한 새로운 시각을 제시했다. 건강의 중심 키워드는 심장에서 뇌로 옮겨졌으며, 인간 의식과 뇌의 기전을 밝히려는 연구는 인류 과학의 정점으로 주목받고 있다. 과거 '마음과 몸은 독립적이다'라는 명제는 이제 낡은 이론이 되었고, 더 근본적인 내적 요소가 인간 역량 변화의 중심에 자리하고 있다.

20세기 생물학과 신경과학의 발전은 인간의 성장 과정이 다른 동물들과 크게 다르다는 점을 분명히 보여주었다. 동물은 태어나자마자 걷고 뛰며 얼마 지나지 않아 스스로 먹이를 찾아다닐 만큼 독립적인 생존이 가능한 반면, 인간은 오랜 발달 과정을 거쳐야만 스스로 서고, 걷고, 뛰는 능력을 갖추게 된다. 특히 주목할 점은 인간이 성인에 이를 때까지 신체적·정서적·인지적 단계를 거치며 오랜 발달 시간을 필요로 한다는 점이다. 성인이 되면 뇌는 통합적 균형 상태를 이루게 되며, 이는 인지적 사고 체계와 생활 전반에 영향을 미친다. 직무 스트레스, 집중 지속도, 업무 몰입도 등 현대인의 일상적 과제 역시 결국 뇌 상태의 변화에 따라 성과가 달라진다. 이는 좋은 뇌 상태의 형성이 무엇보다 중요함을 의미한다.

똑똑한 뇌를 넘어선 조화로운 인간의 시대

오늘날 과학이 인간의 변화 과정을 완벽히 설명하지는 못하지만, 몸과 마음의 상호작용에 대한 새로운 이해를 요구하고 있다. 우리 선조들은 이를 일찍이 인식했다. 심신쌍수心身雙數, 즉 몸과 마음을 함께 수련한다는 가르침은 신라의 화랑, 고구려의 조의선인 등에서 나타나며, 이는 한민족 정신문화의 원형인 '선도仙道'의 핵심이기도 하다. 선도는 '몸에서 구하라'는 철학을 통해 몸을 통해 마음을 수련하는 방법론을 제시한다.

20세기의 한국은 주로 외부에서 기술과 지식을 받아들여 성장해왔지만, 21세기의 한국은 새로운 분야에서 독창적인 혁신을 이루어야 하는 위치에 있다. 20세기에는 '지덕체'를 목표로 한 교육과 인재상이 주를 이루었지만, 이제는 이를 넘어 인간 내적역량 계발에 초점을 맞춰야 할 시점이다. 이는 똑똑한 뇌를 넘어 인간의 몸과 마음을 아우르는 전인적 발전을 추구하는 새로운 패러다임 전환이 필요함을 의미한다.

나는 존재한다, 고로 생각한다.

3부

뇌과학에서

뇌활용 시대로

"뇌에 변화를 일으키는 것은
곧 당신의 미래를 바꾸는 일이다.
뇌는 단순히 유전자의 산물이 아니다.
평생의 경험을 통해 조각되며,
그 경험은 뇌 활성을 변화시키고
유전자 발현 양상마저 바꾼다.
눈에 보이는 모든 행동 변화는
결국 뇌에서 일어난 변화를 반영한다.
반대로 행동은 뇌를 변화시킬 수 있다."

— 수전 그린필드Susan Greenfield,
『마인드 체인지Mind Change』(2015)

뇌과학에서
뇌활용 시대로의 진입

'뇌'는 그동안 의학 영역에서만 다루던 주제였다. 하지만 20세기 말 들어 뇌과학 연구가 인류 과학의 최전선으로 급부상하고, 뇌가 마음 기제의 중심이라는 사실이 밝혀지면서, 뇌에 대한 관심이 의학, 공학, 심리학, 인지과학, 교육학 등 모든 분야로 확산되고 있다. 이른바 21세기 뇌융합 시대의 부상이다. 세계 주요 선진국들은 21세기를 '뇌의 세기Century of the Brain'로 정의하며, 과학의 마지막 영역이라 불리는 뇌 연구에 집중적인 투자를 하고 있다. 90년대 초부터 대형 선도 프로젝트를 통해 인간 뇌에 관한 근원적 이해에 일찌감치 뛰어들었다. 미국의 '브레인 이니셔티브BRAIN Initiative', 유럽연합의 '휴먼브레인프로젝트Human Brain Project', '일본의 브레인/마인즈Brain/MINDS' 등이 그 대표적인 사례다.

한국 뇌연구의 발자취

대한민국은 1998년 뇌연구촉진법을 제정하며, 의료계를 중심으로 진행되던 뇌연구를 국가적 차원으로 확대했다. 이는 뇌연구의 기반을 마련하고, 뇌기반 기술의 산업화를 촉진해 국민 복지와 경제 발전에 기여하기 위해 제정된 법으로, 국내 뇌연구의 방향성을 제시한 중요한 전환점이었다. 이후, 10년 주기로 수립된 뇌연구 마스터플랜은 2008년 제2차 계획을 거쳐 2018년에는 제3차 뇌연구촉진기본계획인 '뇌연구혁신 2030'을 발표했다. 이 계획의 핵심은 '뇌 이해의 고도화와 뇌활용의 시대 진입'이었다. 이는 기존 선진국의 연구를 단순히 따라가는 것을 넘어, 인류 미래 자산인 뇌연구 분야에서 차별화된 역량을 확보하겠다는 대한민국의 비전을 보여준다.

뇌, 의학을 넘어 융합의 중심으로

21세기 뇌융합 시대의 본격화와 함께 대학들도 미래 인재 양성을 위한 준비에 박차를 가하고 있다. 카이스트KAIST는 2007년 바이오및뇌공학과를 신설하며 국내 최초로 뇌융합 관련 학과를 개설했다. 이어 서울대학교는 정부 WCUWorld Class University 사업의 일환으로 2009년에 뇌인지과학과 석박사 과정을 개설했고, 이화여대는 2015년 학부과정으로는 최초로, 학문계 블루오션인 뇌인지과학을 선점해 융합인재를 양성하겠다는 목표로 뇌인지과학과를 신설했다. 2021년 한양대는 인공지능AI과 심리학을 접목해 인간의 의사결정과 AI의 중첩분야를 연구하는 심리뇌과학과를 신설했으며, 학부

과정으로 뇌융합 관련 학과를 최초로 설립한 KAIST 역시 2022년 뇌인지과학과를 추가로 신설했다. 이는 '포스트 인공지능AI 시대'에 미리 대비하기 위해 인간 지성의 본질을 연구하겠다는 목표였다.

흥미로운 점은, 한국이 뇌과학 연구에서 선진국을 따라가는 입장에 있지만, 뇌활용 학문에서는 선도적 위치를 차지하고 있다는 사실이다. 2007년 국제뇌교육종합대학원이 '뇌교육Brain Education' 석박사 학위 과정을 처음 도입했으며, 2010년 글로벌사이버대학교가 뇌교육 학사 과정을 신설하면서 한국은 세계 최초로 뇌교육 분야의 학사-석사-박사학위 과정을 완비한 나라가 되었다. '뇌교육腦敎育'은 21세기 뇌의 시대적 흐름 속에서 뇌 관련 제반 지식을 활용해 인간의 본질적 가치를 자각하고, 삶 속에서 이를 실현하기 위한 철학, 원리, 방법을 연구하는 뇌융합 학문이다. 서구 중심의 학습과학, 뇌기반 학습, 뇌기반교육, 신경교육과 달리 뇌교육은 한국에서 가장 앞서 정립되었다.

두뇌훈련 분야의 국가공인 자격제도, 브레인트레이너

뇌활용 분야는 기존의 뇌과학과 뇌공학을 넘어 실생활과 밀접한 영역에서 빠르게 확장하고 있다. 특히 직무 스트레스 관리, 감정 조절, 부정적 습관 해소, 역량 계발 등 다양한 문제들이 모두 두뇌훈련의 대상으로 떠오르며, 이 분야에 대한 관심은 날로 높아지고 있다. 과거에는 반도체, 조선, 자동차, 비행기, 스마트폰 등 눈에 보이는 유형의 상품과 기업이 중심이었다면, 21세기는 몸과 마음의 총사령탑인 뇌를 중심으로 한 두뇌산업이 주목받고 있다. 두뇌산업의 가장 큰 차별성은 그 중심에 '제품'이 아닌 '사람'이 있다는 점이다.

이러한 변화의 대표적인 사례로, 교육부가 공인한 두뇌훈련 분야 브레인트레이너 자격제도를 들 수 있다. 브레인트레이너는 두뇌기능과 두뇌특성평가에 대한 체계적이고 과학적인 이해를 기반으로, 대상자의 두뇌능력을 향상시키기 위한 훈련프로그램을 설계하고 지도

하는 전문가다. 이들은 유아부터 노년까지 전 연령을 대상으로 인지기능 향상, 창의성 계발, 스트레스 관리, 정서 조절을 돕는 프로그램을 제공한다.

브레인트레이너는 특히 중장년층과 노년층을 위한 치매 예방 프로그램을 비롯해, 심신 건강 관리, 멘탈 코칭, 스포츠 분야로까지 그 활동 영역을 넓히고 있다. 지자체에서도 브레인트레이너 지도 아래 치매 예방을 위한 두뇌트레이닝 프로그램을 적극 지원하고 있다. 유아교육 현장에서는 이미 오래전부터 논의되어온 연령별 두뇌 발달 프로그램이 진행 중이며, 교사 연수에서도 뇌 관련 특강은 지난 10여 년간 필수 항목으로 자리 잡았다. 브레인트레이너는 한국이 배출한 두뇌훈련 전문가로서, 단순히 개인의 역량 향상을 넘어서 사회 전반에 긍정적인 영향을 미치는 중요한 역할을 하고 있다. 이러한 이유로, 한국에서 시작된 브레인트레이너가 앞으로 전 세계적으로 더욱 기대되는 것이다.

뇌는 훈련하면 변화한다

지난 백 년간 인류 과학의 정점이라 불리는 뇌과학의 가장 대표적인 연구 성과 중 하나로 손꼽히는 것이 바로 '뇌는 훈련하면 변화한다'라는 '신경가소성'이다. 이는 건강관리와 교육훈련, 자기계발 전반에 걸쳐 커다란 영향을 미치고 있다. 유전과 환경의 조합으로 전 생애에 걸쳐 변화하는 고등생명체가 바로 인간이다. 단순하고도 명확한 사실은 우리의 생명 활동에서부터 스트레스 관리와 감정 조절, 집중과 몰입, 상상과 영감, 비전과 실천 등의 모든 기능이 우리의 뇌에서 일어나는 작용이라는 점이다.

뇌를 가진 다른 척추동물들은 시간이 흘러도 주변 환경에 큰 변화를 일으키지 않지만, 인간은 머릿속에 떠올린 상상을 현실로 만들며 주변 환경에 지대한 영향을 미치는 창조적 존재다. 따라서 21세기의 인간을 올바르게 이해하려면 뇌에 대한 깊은 이해가 필수다. 뇌교육은 뇌를 생물학적 기관으로 바라보는 것을 넘어, 변화와 활용의 대상으로 인식하는 데서 출발한다. 신체적·정서적·인지적 변화를 주는 다양한 훈련법과 뇌 상태를 보다 빠르게 변화시킬 수 있는 천연식물을 비롯한 다양한 매개체들도 뇌활용의 중요한 도구가 될 수 있다.

마음과 행동 변화의 열쇠 뇌,

뇌활용 시대로의 진입이다.

"과학의 진보가 가져다준
인간 뇌에 대한 지식의 중요성은
결국 올바른 뇌의 활용에 있습니다.
인간의 뇌를 연구 대상만이 아닌
활용의 대상으로 인지할 때,
인류가 추구하는 건강하고 행복하고
평화로운 삶을 위한 열쇠가
우리의 뇌 속에 있음을 자각하게 될 것입니다."

— 「IBREA 지속가능성보고서」(2019)

두뇌를 훈련해야 하는 이유

대한민국은 국제학업성취도평가TIMM, PISA에서 최상위권에 오르는 전 세계가 인정하는 세계 최고의 학습국가다. 그런데 모든 영역에서 학습과 훈련이 체계적으로 이루어지지만, 뇌에 대해서는 다소 거리를 느끼는 경우가 많다. 첫 번째 이유는 뇌에 대한 인식의 오류에 있다. 우리는 뇌에 대한 이야기를 의사나 과학자가 해야 한다고 생각한다. 그러다 보니 뇌를 치료하거나 연구해야 하는 대상으로만 바라보는 경향이 강하다. 뇌교육에서는 뇌를 치료적 대상이나 생물학적 기관이 아닌, 변화와 활용의 대상으로 인식하는 것에서 출발한다. 적극적으로 뇌를 인식하고, 뇌 기능을 활성화하기 위한 정보 자극과 조절 훈련을 통해 뇌활용 능력을 높이는 것을 목표로 한다.

브레인트레이너와 두뇌훈련 체계

인류 과학의 정점이라는 뇌과학에서는 두뇌가 감각과 지각에서부터 움직임의 조절과 기억, 정서와 언어에 이르기까지 인체의 모든 기능을 관장한다고 말한다. 따라서 뇌의 생리적, 신체적, 심리적, 정신적 기능을 훈련 내용에 포함할 수 있다. 모든 활동이 두뇌의 작용이자, 두뇌의 상태에 변화를 주고 있다면 두뇌개발은 왜 필요한 걸까?

대한민국 교육부 공인 브레인트레이너 공식 교재에는 두뇌훈련을 다음과 같이 설명한다. “두뇌훈련이란 몸과 마음에 영향을 미치는 다양한 신체적, 심리적, 인지적 자극과 훈련을 통해 심신의 균형을 회복하고, 수행 능력 향상을 이끄는 모든 활동을 의미한다. 중요한 것은 1) 의도를 가지고, 2) 목표를 세우며, 3) 적합한 두뇌 기제를 활용하는 것이다." 모든 활동이 뇌활동의 대상이지만, 인간 뇌의 특성상 '의식의 방향성'과 '방법론'에 따라 다양한 자원의 쓰임새와 형태가 달라진다는 뜻이다.

브레인트레이너는 체계적이고 과학적인 이해를 바탕으로 두뇌능력을 향상시키는 훈련 프로그램을 설계하고 지도하는 두뇌훈련 전문가를 뜻한다. 이들이 제시하는 훈련법은 기초두뇌훈련법, 인지기능훈련법, 창의성훈련법으로 나뉜다. 인간의 뇌는 기본적인 생명 유지 기능에서부터 감정 조절, 인지 사고, 학습 등 고등기제까지 다양한 기능을 담당한다. 파충류와 포유류를 넘어 영장류로서 인간은 언어, 거울뉴런mirror neuron, 메타인지, 창의성과 같은 고등기능을 발달시켜왔다. 하지만 이러한 고등기능도 기초적인 신체적·정서적 기능이 탄탄히 뒷받침될 때 가능하다. 결국 기초두뇌훈련이 상위 기능을 위한 필수 조건이라는 점은 분명하다.

메타인지에 대한 환상과 오해

최근 '메타인지(meta-cognition 혹은 상위인지)'라는 단어가 광고나 교육 현장에서 자주 등장한다. 많은 학부모들은 "왜 우리 아이는 자기주도적 학습이 안 될까요?"라는 질문을 던지고, 직장에서는 메타인지 역량을 갖춘 인재에 대한 요구가 높아지고 있다. 하지만 메타인지가 그렇게 쉽게 이루어지는 고등기능일까? '자기주도적'이라는 개념은 단순히 지식을 쌓는 것만으로 이루어지지 않는다. 이는 신체적·정서적·인지적 훈련이 축적되어 신경망의 변화를 통해 형성되는 매우 복잡한 두뇌 기제다. 메타인지는 순차적으로 기초두뇌훈련법, 인지기능훈련법, 창의성훈련법 단계에 따라 훈련된다. 따라서 기본 단계가 충분히 되어야 그 상위의 기능이 온전히 발현될 수 있다. 이제 메타인지에 대한 환상을 걷어내고, 두뇌의 원리와 이해를 높이는 것이 필요한 시대가 되었다. 인류가 밝혀낸 자연과학에 대한 이해 없이, 허상과 환상으로 점철된 지식 기반 학습만으로는 메타인지가 가능하지 않다.

체덕지體德智, 몸으로부터의 출발

인간의 뇌는 신체, 정서, 인지 순서로 발달한다. 아기의 뇌는 자신의 몸과 소통하며 발달을 시작한다. 이후 정서적 발달 단계에서는 다양한 상호작용이 정서 기제에 영향을 미친다. 마지막으로 뇌의 가장 바깥 영역에서 인지 학습이 발달한다. 성인의 뇌 역시 몸과 마음의 균형 상태에 따라 직무 스트레스 관리, 집중력, 업무 몰입도 등에서 차이를 보인다. 그렇기 때문에 좋은 뇌 상태를 형성하는 것이 중요하다. 몸과 마음기제의 총사령탑인 '뇌'에 변화를 일으키는 첫 번째 요소는 몸이다. 뇌는 몸을 통해 바깥에서 오는 정보를 알아차린다. 따라서 이제는 지덕체智德體가 아닌, 체덕지體德智로 바꾸어 시작하는 것이 맞다. 즉, 뇌 발달의 첫 단계는 움직임이며, 두 번째가 마음이다.

상위인지 기능은 하위의 수없이 다양한 기능들이 제대로 작동할 때, 그것을 높은 차원에서 인지하고, 방향을 제시하는데 그 상위인지 기능이 바로 마음 기제인 것이다. 결국 중요한 것은 인간이 가진 뇌를 어떻게 올바르게 활용할 것인가다. 현재와 미래는 개인 뇌의 '의식 상태'와 '방향성'이 만들어내는 사회적 상호작용의 결과로 결정된다.

'뇌는 연구나 치료 대상이 아닌,
변화와 활용의 대상이다.'

브레인트레이닝은 인지훈련이 아니다

20세기 후반 들어 신경가소성에 관련된 뇌과학 연구성과들이 나오면서, '뇌는 훈련하면 변화한다'는 개념으로 대표되는 두뇌훈련 분야가 건강, 교육, 자기계발 등 다양한 영역에서 주목받기 시작했다. 의학적 치료나 과학적 연구 대상에 머물렀던 뇌를 이제는 훈련의 대상으로 바라보는 관점의 전환은 중요한 변화라 할 수 있다. 이는 사람들이 삶에서 겪는 스트레스와 감정 충돌, 부정적 습관 그리고 자기계발과 같은 수많은 문제를 극복하기 위한 실질적인 필요에서 비롯된 것이다.

여기서 주목할 점은 '뇌를 훈련한다'는 관점에서 브레인트레이닝을 바라보는 동서양의 차이이다. 동서양의 시각 차이에는 몸과 마음의 상호관계에 대한 인식 및 문화적 특성이 깊이 자리하고 있다. 이러한 차이에 대한 이해 없이 브레인트레이닝에 접근한다면, 자칫 표면적인 시도에 그칠 위험이 있다.

서구 브레인트레이닝 핵심 '인지훈련'

먼저 세계 최대 백과사전인 위키피디아에서 '브레인트레이닝'을 검색해보면, 아래와 같은 설명이 나온다. "브레인트레이닝(brian training, 인지훈련)은 인지능력을 유지하거나 향상시키기 위해 설계된 정기적인 활동 프로그램을 말한다. 여기서 '인지능력cognitive ability'은 일반적으로 실행 기능executive function이나 작업 기억working memory과 같은 유동적 지능의 구성 요소를 지칭한다." 이는 곧 브레인트레이닝이 '인지훈련'에 초점을 맞추며, 인지능력을 유지하거나 향상시키는 것을 목표로 한다는 뜻이다. 인공지능 챗gpt에 물어봐도 유사한 대답을 얻을 수 있다. 이처럼 서구의 브레인트레이닝은 '인지기능 향상'에 중점을 두고 있으며, 이는 뇌 구조와 기능적으로 전두엽의 고차원적 기능과 맞닿아 있다.

서구의 브레인트레이닝이 인지훈련 중심으로 자리 잡은 배경에는 데카르트의 심신이원론心身二元論이 자리한다. 서양 근대철학의 아버지로 불리는 데카르트는 '마음은 몸과 별개이며, 기능적으로 독립되어 있다. 몸의 감각은 오류를 일으킬 수 있으므로, 지식을 얻는 과정에서 제한되어야 한다'는 주장을 펼쳤다. 이러한 관점은 이후 산업혁명에 따른 근대적 교육 모델에서 지덕체라는 이성 중심의 기반을 마련했다. 그러나 현대 신경과학의 발전은 이러한 이원론적 관점이 시대에 뒤떨어졌음을 증명하고 있다.

2000년대 초, 신경과학자 다마지오는 저서 『데카르트의 오류: 감정, 이성 그리고 인간의 뇌Descartes' Error Emotion, Reason and the Human Brain』에서 인간 정서에 대한 과학적 연구를 통해 심신이원론의 한계를 비판했다. 그는 "인간의 의사결정은 감성에 의해 크게 좌우된다. 판단과 의사결정 과정에 정서가 주도적으로 개입되며, 인간은 충분한 시간을 들여 합리적 결정을 하기 보다는 정서적 기억과 상태에 따라 많은 영향을 받는다"고 주장했다. 또한, '느낌feeling'은 단순한 부수적 산물이 아니라 생명체 내부를 탐지하고 생명 활동을 조절하는 중요한 역할을 한다는 사실을 밝혀낸다. 이는 정서와 느낌을 신경과학의 영역으로 끌어들인 동시에 수백 년간 이어져온 심신이원론의 종말을 알리는 계기가 되었다.

서구의 인지기능 중심의 브레인트레이닝은 20세기 생물학과 신경과학의 발전이 제시한 인간 성장 기제의 전반적인 특성을 전체적으로 반영하지는 못한다. 인간의 뇌는 태어난 후 환경과의 상호작용을 통해 오랜 기간 성인기 발달 과정을 거친다. 신체와의 소통을 통해 이루어지는 신체적 발달이 선행되며, 그 후 외부 대상과의 상호작용을 통한 정서적 발달이 뒤따른다. 마지막으로 뇌의 가장 바깥쪽에서 인지 학습이 이루어진다. 즉, 신체-정서-인지 균형이 성인기의 학습과 사고체계에 영향을 미친다.

중동 알자지라가 주목한 '화풀이 캠프'

2024년 1월, 중동 대표 방송사인 '알자지라Al Jazeera'는 〈마인드셋Mindset〉이라는 제목으로 한국을 다룬 다큐멘터리를 방영했다. 스포츠와 교육 분야를 중심으로 한 이 다큐멘터리에서 특히 주목받은 것은 양궁과 바둑 그리고 교육 분야에서의 브레인트레이닝이었다. 알자지라 방송팀이 집중적으로 취재한 프로그램은 브레인트레이닝 기반의 '화풀이 캠프'였다. '대한민국 초등 마음 튼튼 프로젝트'의 일환으로 운영된 이 캠프는, 한국의 치열한 입시위주 교육에 놓인 아이들의 스트레스를 해소하고 행복 지수를 높이기 위해 마련된 체험형 뇌교육 프로그램이다. 이 프로그램은 25년간 내적역량 계발을 위해 활동해온 BR뇌교육이 운영하고 있다.

캠프의 주요 활동으로는 신문지를 찢으며 스트레스를 해소하거나, 명상을 통해 내면의 평화를 찾는 체험이 포함되어 있다. 당시 PD는 한국 아이들이 과격하게 신문지를 찢으면서 스트레스를 해소하는 과정을 보고는 이 아이들이 굉장히 큰 스트레스를 받고 있다는 사실에 놀라워했다. 그러다가 어느새 너무나 평온한 표정으로 명상을 하는 아이들의 모습을 보고 더욱 충격을 받았다고 밝힌다. 그는 아이들이 어떤 훈련을 했기에 그토록 강렬한 에너지를 표출하면서도, 동시에 어떻게 내적 평온을 유지할 수 있는지를 궁금해했다. 그는 한국 정부에서 공인한 두뇌훈련 분야 브레인트레이너가 있다는 사실과 캠프를 운영하는 사람 역시 브레인트레이너라는 점에 놀라워했다. PD는 브레인트레이너가 뇌파 측정을 통해 뇌훈련을 과학적으로 접근하며, 아이들이 마인드셋을 할 수 있도록 돕는 과정이 퍽 인상적으로 느껴진다고 밝혔다.

인공지능과 공존하거나 경쟁할 미래 세대에게는 강렬한 외부적 자극이 아닌 내적 평정심을 유지하는 능력이 무엇보다 중요하다. 한국에서 발전한 브레인트레이닝은 단순히 지식이나 기술을 넘어 내적역량을 회복하는 데 초점을 맞추며, 전 세계적으로도 그 가능성을 인정받고 있다. 알자지라가 주목한 '화풀이 캠프'는 한국형 브레인트레이닝이 가진 독창성과 잠재력을 잘 보여주는 사례라 할 수 있다.

"뇌를 생물학적 기관이 아닌
활용과 계발의 대상으로 인식할 때,
비로소 '변화change'가 일어날 것이다.
20세기 컴퓨터 혁명을 통해
컴퓨터 없이 살아가는 오늘을
생각하기 어려울 정도가 되었듯이,
언젠가는 뇌를 운영한다는 것이
너무나 자연스러운 삶의 문화로 자리 잡을 것이다."

— 이승헌, 『뇌 안의 위대한 혁명 B.O.S.』(2006)

뇌운영시스템
B.O.S.

급변하는 시대에는 그 시대를 관통하는 키워드를 통해 세상을 바라보는 것이 중요하다. '뇌'를 21세기 미래 키워드로 손꼽는 이유는, 오늘날 인류 문명을 만들어낸 원천이 인간 뇌의 창조성에서 비롯되었기 때문이다. 나아가 당면한 인류 문제의 위기를 해결할 열쇠 또한 뇌의 활용과 계발에 달려 있다는 인식이 내재되어 있다. 뇌는 누구나 가지고 있지만, 대다수의 사람은 뇌의 존재를 의식하지 않고 살아간다. 더구나 뇌를 '운영한다'는 개념은 더욱 생소하다. 만약 마음기제의 총사령탑인 뇌를 이해하고 그 상태를 인지하며, 이를 삶에 긍정적 방향으로 운영하는 원리와 체계를 익힌다면 어떤 변화가 일어날까? 이러한 질문에 대한 해답으로 뇌교육의 원천기술로 알려진 '뇌운영시스템Brain Operating System, B.O.S.'이 주목받고 있다.

뇌를 운영하는 원리와 접근법

뇌운영시스템은 인간 뇌의 근본적 가치를 탐구한 결과를 바탕으로, 두뇌 발달의 원리와 과학적 체계를 적용해 뇌를 이해하고 뇌를 활용하는 방법을 제시한다. 우리의 뇌는 단순히 생물학적 기관이거나 연구 대상에 머무르지 않는다. 뇌는 살아가며 당면하는 스트레스와 감정 충돌, 부정적 습관 등의 문제를 극복하려는 열쇠이자, 인간의 잠재적 역량을 키우는 도구가 된다. 자신의 뇌를 제대로 운영하기 위한 첫 단계는 뇌를 바라보는 인식을 전환하는 데 있다. 기존의 사고 틀에서 벗어나, 인간의 몸을 새로운 차원에서 정의함으로써 뇌를 새롭게 바라보는 것이다.

인간의 뇌는 생물학적 기관인 동시에 정신활동을 담당하는 유일한 부위로, 눈에 보이는 하드웨어와 보이지 않는 소프트웨어가 결합된 독특한 구조를 가진다. 뇌는 정보의 입력과 처리, 출력 등 외부와의 상호작용을 통해 신경망이 끊임없이 변화하며, 그러한 축적된 정보가 현재의 '나'를 움직이게 한다. 따라서 뇌를 운영하려면 눈에 보이는 물질적 차원뿐만 아니라 보이지 않는 차원도 함께 이해해야 한다. 뇌교육은 이러한 관점에서 인간의 몸을 세 가지 차원으로 바라본다. 눈에 보이는 물질적 차원의 육체Physical Body, 에너지 차원의 에너지체Energy Body 그리고 의식 차원의 정보체Spiritual Body가 그것이다. 특히 인간의 뇌를 정보의 입력과 처리, 출력을 통해 신경망을 변화시키는 '정보체'로 개념화하는 것은 뇌교육의 독창적인 접근이다.

뇌운영시스템 5단계

뇌운영시스템은 크게 다섯 단계로 이루어져 있으며, 뇌의 본래 기능을 활성화하고 회복하는 데 초점을 맞춘다. 1단계 뇌감각깨우기Brain Sensitizing, 2단계 뇌유연화하기Brain Versatilizing, 3단계 뇌정화하기Brain Refreshing, 4단계 뇌통합하기Brain Integrating, 5단계 뇌주인되기Brain Mastering가 그것이다.

1단계 뇌감각깨우기는 누구나 가진 뇌의 존재와 가치를 자각하는 단계로, 몸과 뇌의 연결고리를 회복하여 뇌감각을 깨운다. 동작·호흡·의식을 통해 뇌를 자극하며, 신체적·에너지적·정보적 균형을 이루는 데 중점을 둔다. 이에 대한 대표적인 방법으로 뇌체조가 있다. 보통 사람들은 '뇌'에 대한 인식을 거의 하지 않고 살아간다. 그렇기에 뇌를 운영한다는 생각은 더욱 생소할 수 있다. 마치 컴퓨터를 쓰는 것이 너무나 일상화되어 컴퓨터가 어떻게 운영되는지에 대한 자각을 하지 않는 것과 마찬가지다.

2단계 뇌유연화기 단계는 기존의 고정관념과 습관의 틀을 깨뜨리는 단계다. 뇌가소성brain-plasticity에 따르면 새로운 기술과 지식을 습득하게 되면 신경망이 변화하게 된다. 학습은 뇌의 유연성을 기르고 뇌가 발달하는 데 중요한 과정이다. 뇌유연화단계에서는 이러한 과정을 통해 기존의 틀을 벗어나는 심신 훈련 또한 병행한다. 나이가 들면 모든 것이 습관화되고, 유연성이 떨어지게 된다. 호기심이 적어지고 두려움의 기제가 커지기 때문에, 뇌유연화기는 '의식'과 '몸'이 서로 긴밀하게 커뮤니케이션할 수 있도록 하는 것이다.

3단계 뇌정화하기 단계는 숱한 고정관념과 선입견, 피해의식 등 부정적 정보를 걷어내 본래의 '자아自我'를 만나는 과정이다. 1, 2단계를 거치면 뇌에 대한 인식과 더불어 심신의 균형이 어느 정도 이루어지지만 뇌를 제대로 운영하기에는 아직 부족하다. 살아오면서 형성된 많은 부정적 정보가 뇌 속에 강하게 자리하기 때문이다. 따라서 내 감정의 주체가 되는 경험을 통해 정보를 정화하며 순수한 뇌 상태를 회복하고, 삶의 긍정적인 변화를 위한 토대를 마련한다. '내 마음은 내가 아니라 내 것'임을 체험하는 과정을 통해 뇌기능이 통합적으로 발현하는 기반이 만들어진다.

4단계 뇌통합하기는 뇌의 본래 기능을 회복하고 잠재성을 계발하는 과정이다. 편향적인 의식 상태를 조화롭게 만들고, 감정에 치우치지 않고 조절하는 역량을 갖춘다. 많은 고정관념과 피해의식으로 남아 있던 부정적 정보들을 있는 그대로 바라볼 만큼 내적역량을 갖추는 단계이기도 하다.

마지막 5단계는 바로 뇌의 진정한 주인이 되는 과정이다. 4단계까지가 운전면허증을 따는 과정이었다면, 5단계는 실제 운전을 하며 체율체득화하는 단계라 할 수 있다. 현실 속에서 자신의 뇌를 운영해가면서 매일매일 뇌를 관리하고 체크하며 습관을 형성하는 것이다. 특히 5단계에서는 강력한 비전을 필요로 한다. 뇌를 움직이게 하는 목표는 복잡하지 않고 단순하며, 오해의 여지가 없을 만큼 명료할수록 좋다. 뇌는 방향성이 있을 때 움직이는 대표적인 복합계이기 때문이다.

뇌교육의 본질적 가치

인간의 뇌는 지구상에서 가장 복잡한 구조와 기능을 가진 특별한 기관이다. 인간의 뇌만큼 태어난 이후에도 이토록 끊임없이 변화하는 기관은 단연코 없다. 동물은 유전자에 의해 살아가고, 인간은 유전자를 벗어나려 한다는 말이 있을 만큼 인간의 뇌는 창조성을 발현하고, 내가 누구인지를 질문하며 답을 찾는 고등정신 기능으로서 그 역할을 한다. 이토록 놀라운 뇌를 사람은 누구나 갖고 있지만 대부분은 그러한 뇌의 가치를 인식하지 못한 채, 정보와 기술에만 의존하며 살아간다.

뇌교육은 자신의 뇌가 단순히 정보를 받는 수동적 존재가 아닌 자신이 주체적으로 운영할 수 있는 도구임을 깨닫게 하는 데 있다. 이를 통해 개인은 자신의 뇌를 긍정적이고 창조적으로 활용하며, 스스로의 삶을 변화시킬 수 있다. 뇌운영시스템은 단순한 이론이 아닌 실천적 방법으로, 누구나 자신의 뇌를 주도적으로 이해하고 활용할 수 있도록 돕는 체계적인 과정이다. '뇌'라는 특별한 존재를 이해하고, 그것을 통해 자신과 세상을 변화시키는 열쇠를 찾는 여정에 함께해보자.

명상을 바라보는 새로운 시선

전 세계 검색 엔진과 유튜브 그리고 스마트폰의 80퍼센트를 점유한 안드로이드 OS를 떠올릴 때 가장 먼저 떠오르는 기업은 구글이다. 이 거대한 기업의 또 하나의 주목할 만한 프로젝트인 '내면 검색Search Inside Yourself' 프로그램을 개발한 차드 멍 탄Chade-Meng Tan이 한국을 처음 방문했을 당시 그는 흥미로운 질문을 던졌다. 그 질문은 바로 "한국인들은 명상을 어떻게 바라보나요?"였다. 구글의 사내 명상 프로그램인 '내면 검색'은 《뉴욕타임스》에도 소개된 바 있다. 이 프로그램은 7주에 걸쳐 20시간 동안 진행되며, 프로그램으로 구글 직원들의 감성 지능, 자신감 그리고 업무 능력 향상을 목표로 설계되었다. 이를 통해 구글 엔지니어이자 명상가인 차드 멍 탄은 세계적인 명성을 얻게 되었다.

2013년, 탄의 첫 한국 방문 당시 나는 《브레인》 편집장으로 그를 직접 만나 인터뷰를 진행한 적이 있다. "구글에서는 명상을 어떻게 바라보고 있는지를 첫 질문으로 준비했던 나는 오히려 탄으로부터 같은 질문을 받아 당황했었다. 탄이 한국인에게 이러한 질문을 던진 이유는 구글 내에서도 명상을 처음 도입할 당시, 직원들의 인식이 크게 다르지 않았기 때문이라고 설명했다. 그는 이 고정관념을 어떻게 깨뜨릴지 고민하며 '내면 검색'이라는 이름을 붙였다고 말했다. 또한, 프로그램 개발 과정에는 뇌과학자, CEO 그리고 감성지능 개념의 창시자인 골먼 교수가 참여했다고 한다.

실리콘밸리와 명상의 접목

'명상'은 의식, 주의, 지각, 정서, 자율신경계 등의 변화를 포함하는 복잡한 정신 작용이다. 동양 정신문화의 자산인 명상은 고대의 전통적인 수행 방법 중 하나로 알려져 왔다. 그러나 서구 사회에서는 2차 세계대전 이후 초월명상TM과 같은 동양의 명상법이 널리 알려지면서, 종교적 색채는 최소화하고 명상의 정신적·신체적 효과를 강조하는 실용주의적 접근이 주를 이루었다. 실리콘밸리의 퇴근 시간을 없앴다고 알려진 유명 컨퍼런스인 '위즈덤 2.0'의 핵심 화두 역시 '명상'이다. 전 세계에서 가장 빠르게 변화하는 공간 중 하나인 이곳의 속도와는 반대로 사람들이 하던 일을 멈추고, 내면을 성찰하도록 돕는 행사가 가장 큰 인기를 끌고 있다는 점은 시사하는 바가 크다.

1960~70년대는 서구가 동양의 철학과 사상에 매료된 시기로 알려져 있다. 반면, 오늘날 명상에 대한 관심은 물질문명이 가져온 피로감, 물질과 정신의 균형 잡힌

삶의 질 향상 그리고 디지털과 감성이 결합한 역량 계발이라는 21세기적 특징을 반영하고 있다. 이는 디지털 시대의 속도감과 대비되며, 느림과 내면 성찰을 통해 영감과 통찰을 얻으려는 글로벌 기업들의 관심을 보여준다. 코로나 이전에는 뉴욕에 등장한 '명상 버스'가 해외 뉴스로 오르내렸고, 모바일 명상 앱 선두주자인 캄Calm은 유니콘 기업으로 부상했다. 혁신적이고 숨 가쁘게 빠른 디지털 시대와는 반대로 느리고 내면의 성찰을 통해 영감과 통찰을 얻는 명상에 대한 글로벌 기업들의 관심은 창의성의 열쇠가 밖이 아닌 내면에 있음을 반증한다.

스티브 잡스의 브레인파워

'창의성'의 상징이라 할 수 있는 스티브 잡스 역시 명상과 동양 사상에 깊은 영향을 받았다. 애플은 세계 최초로 기업 시가총액 3조 달러(약 3,580조)를 돌파하며 화제가 되었고, 이는 영국의 국내총생산GDP을 넘어서는 규모다. '단순함과 명료함, 파괴와 혁신'의 대명사인 잡스는 20대의 방황과 격렬함 속에서 동양 사상과 명상을 만났고, 이는 그의 사고와 애플의 혁신적 제품 탄생에 지대한 영향을 미쳤다. 구글, 메타, 아마존 등 이름만 대면 알 만한 글로벌 기업이 즐비한 미국 서부의 실리콘밸리에서 명상 열풍이 일어난 것을 일시적인 것으로 바라보아서는 안 된다. 지금 미국에서 내로라하는 혁신 기업가들이 10~20대 젊음을 보냈던 시절에는 인도의 요가와 일본의 선불교 등 동양의 사상과 철학 그리고 수행이 미국 전역을 휩쓸었기 때문이다.

스스로 끊임없는 노력을 통해 완성에 이를 수 있다는 불교 사상에 심취한 잡스는 인도 여행에서 돌아오자마자 삭발을 했다. 당시 그가 머물던 샌프란시스코에서는 일본의 선불교인 젠ZEN이 빠른 속도로 확산되었는데 그는 그러한 사회적 분위기와 개인적 경험을 토대로 명상을 계속하며 영적 탐구를 이어갔다. 당시에는 잡스뿐 아니라 많은 히피들이 일본 선불교에 매료되었는데, 일본의 스피리츄얼 파워가 미국인들의 삶을 감싸 안았던 시대였다. 잡스는 히피 생활을 하던 1975년 '선禪' 수행자인 오토가와 고분 선사를 만나면서 명상에 더욱 열정적으로 빠져들었다. 1991년 3월 신랑 잡스와 신부 파월이 혼인서약하던 당시, 선불교 선사인 일본인 오토가와 고분 선사가 주례를 맡았으며, 2002년 선사가 사망할 때까지 잡스가 그를 영적 스승으로 모셨다는 사실은 동양의 명상이 잡스의 정신세계에 미친 크기가 얼마나 지대한지 보여준다.

언제나 단순한 검정색 옷을 즐겨 입었고, 영적인 것을 갈망했으며 창조적 에너지로 넘쳤던 잡스. 단순하고 명료하면서도 창조적이고 획기적인 삶의 태도를 유지한 잡스가 만든 아이팟, 아이폰을 비롯한 모든 제품에 녹아 있는 단순함과 직관적 디자인의 원천에는 선불교 명상의 영향이라는 분석이 자리하고 있다.

명상 종주국은 아시아, 연구 활용은 서구에서 앞장

동양 정신문화의 대표적 자산으로 손꼽히는 '명상'의 과학적 접근과 연구는 아이러니하게도 서구에서 주도적으로 이끌고 있다. 동양 명상에 대한 과학적 연구의 저변에는 서구 물질만능주의에 따른 정신적 가치의 하락, 그에 따른 동양에 대한 호기심과 정신 및 물질의 상호관계, 명상을 통한 내면적 성찰 등 복합적 요소가 담겨 있다. 2차 세계대전 이후 서구에 초월명상이 널리 보급되고, 인도 요가, 참선, 기공 등이 알려지면서 명상의 효과와 기전을 밝히고자 하는 과학적 연구가 뒤따르기 시작했다. 본격적으로 서양에서 명상에 대한 과학적 연구는 1960년대 하버드 의대 허버트 벤슨 교수가 명상의 생리적 변화를 밝히는 연구를 시작으로 이어졌다. 벤슨 교수는 1967년 초월명상 수행자 36명을 대상으로 연구한 결과, 명상 전후에 혈압, 심박수, 체온 등 생리현상의 변화가 뚜렷함을 밝혀냈다.

1970년대 들어오면서 하버드 의대 그레그 제이컵 교수의 명상에 대한 뇌파 연구가 잇따랐고, 1990년대에는 fMRI, SPECT, PET 등 뇌영상을 볼 수 있는 정교한 장비들이 개발됨에 따라 명상할 때의 뇌 상태에 대한 연구가 집중적으로 이루어졌다. 또한 뇌의 기능적·구조적 변화에 대한 심층적 분석이 가능해졌다. 미국에서 과학 및 의료 분야의 연구비를 대부분 지원하는 NIH(미국국립보건원)에서 2000년대에 들어 명상이 뇌에 미치는 영향을 과학적으로 분석하기 위해 연구비를 지원해오고 있다. 한국식 명상에 대한 과학적 연구는 1990년 한국인체과학연구원(현 한국뇌과학연구원) 설립을 계기로 본격화되었다. 한국뇌과학연구원은 2010년 서울대학교병원과 공동으로 《뉴로사이언스레터Neuscience Letters》지에 '뇌파진동명상' 효과를 처음 게재한 이후, 국제 학술지에 잇따라 연구 결과를 제시하며 K명상 연구를 주도하고 있다. 국가공인 브레인트레이너 명상훈련법에도 게재된 뇌파진동명상은 한민족 고유의 선도 수련 원리에 기반한 훈련법으로 동적 명상과 정적 명상이 혼합된 형태의 명상이다. 국내 의학계에서도 명상의 도입 및 활용이 본격화되고 있는데, 지난 2017년 대한명상의학회가 대한의사협회의 후원으로 창립총회를 개최하고 출범했다. 2018년에는 KAIST 명상과학연구소가 개소되는 등 국내 의학계, 과학계의 동양 명상 연구 발걸음이 빨라지고 있는 추세다.

마음챙김 교육과 명상의 확산

우리나라 교육 현장에서도 '마음챙김 교육'이 확산되고 있다. 2023년 말, 정부가 발표한 '100만 정신건강' 대책에 따라 마음챙김 동아리와 교재 등이 보급되며, 내적역량의 중요성이 대두되고 있다. 마음챙김Mindfulness은 통상 산스크리트어의 스므리티, 팔리어에서의 싸띠sati 등에서 유래하는 '순간순간의 알아차림'을 의미하며, 이는 불교의 참선이나 요가 명상 수행에서 기원한다. '마음챙김'은 '마인드풀니스Mindfulness'에 대응하는 순우리말 단어로 해석되고 있다. 국제적으로 '마음챙김' 단어가 유명해지게 된 계기는, 1979년 MBSRMindfulness-Based Stress Reduction 프로그램을 개발한 MIT 의과대학 존 카밧진Jon Kabat-Zinn 교수 때문이다. MBSR은 마음챙김에 근거한 스트레스 완화라고 부르며, 현재 미국 전역의 병원 뿐 아니라 수천의 의료 기관과 학교, 지역문화회관, 교도소, 직장 등에서 보급되고 있으며, 1990년대부터는 미국의 의료보험 중 일부에서 MBSR 프로그램 교육비를 지원하고 있다. 그러나 마음챙김은 엄밀히 말하면 명상의 한 종류일 뿐이며, '알아차림' 차원에서 스트레스 완화에 초점을 둔 정적 명상으로 동양 명상 전체를 대변하지는 못한다. 몸의 실제적 변화를 이끌고, 역량 계발 차원에서의 명상으로 나아갈 필요가 있다.

마인드풀니스, 요가 그리고 K명상

서구에서는 '명상'보다는 '마인드풀니스'가 더 일반

적이며, '요가'는 보통 동양의 심신수련을 통칭하는 단어로 알려져 있다. 1960년대 히피들은 인도의 아쉬람을 최종 목적지로 삼고 여행했는데, 1968년 비틀즈가 초월명상의 개발자인 마하리시 마헤시를 만나러 인도를 방문하면서 인도의 정신문화에 대한 관심이 국제적으로 증대되었다. 이에 반해 한국식 명상은 뇌교육 원리를 접목해 스트레스 관리와 자기 역량 강화를 목표로 발전하고 있다. 명상의 본고장인 인도의 대학생들 사이에서도 한국식 명상이 관심을 끌고 있는데, 이는 명상이 단순한 건강법을 넘어 창의성과 정서지능을 깨우는 방법으로 자리 잡고 있음을 보여준다.

2021년, 인도 동남부 첸나이에 위치한 유명 공과대학인 인도 힌두스탄공과대학HITS과 내가 교수로 있는 글로벌사이버대학교 간에 국제교류 협약이 체결되었다. 첸나이는 인도에서 한류 커뮤니티가 가장 활발한 지역이다. 이 협약은 정부가 '신한류 진흥정책 추진계획'을 발표하며 K드라마와 K팝 등 대중문화를 넘어 지속가능한 한류를 모색하는 시점에, 인도의 유명 공과대학의 학점 교류로 이루어진 사례라 교육계의 주목을 받았다. 인도 대학생들은 개발 당시부터 K명상의 해외 대학 수출을 목적으로 만들어진 과목을 수강했는데, 서구 명상 산업에 대한 시장 조사와 다양한 동양 명상에 대한 조사 결과를 반영해 '뇌교육 명상: 스트레스관리 및 자기역량강화Brain Education Meditation: Stress Management and Self-Empowerment'라는 이름으로 지어진 과목이다. 그 과목은 명상이 주는 건강의 효용 차원을 넘어 뇌과학에 기반해 과학적·의학적 이해를 돕는 뇌교육 원리를 접목한 것으로, 한국식 명상의 강점을 반영한 내용이다. 인도 대학생들은 자국에서는 경험할 수 없는 새로운 방식의 명상 교육이자 '동작, 호흡, 의식'의 3요소를 바탕으로 한 뇌체조 훈련과 에너지 명상인 한민족 선도의 '지감止感' 훈련을 특히나 선호하는 편이다.

지금은 명상의 과학적·의학적 효과성을 논하는 시대가 아니다. 이미 그 효과에 대해 대중들이 잘 알고 있기 때문에 이제는 명상을 우리의 삶에 어떻게 적용해서 활용할 것이냐가 중요하다. 학교 현장에 마음챙김 교육이 도입되면서 명상이 새로운 인적자원 계발법으로 확산되는 시점이기에, 명상을 바라보는 시선의 변화가 필요하다. 명상은 단순히 심신 안정과 스트레스 관리 차원을 넘어 정서지능 향상, 리더십 증진, 창의성 계발 등 인간 내적역량을 깨우는 중요한 방법으로 자리 잡고 있다.

인간 뇌의 창조성이 만들어낸 과학기술로 인류 문명은 발전하며 많은 것이 바뀌었지만, 보이는 것을 향한 인류의 열망이 가속화될수록 보이지 않는 가치에도 사람들은 주목하고 있다. 잊지 말아야 할 것은 동양의 정신문화가 새겨진 명상에 대한 서구의 관심이 아니라 명상의 이유와 방향이다. 결국 인간의 잠재성과 가치를 깨우는 열쇠는 외적 요소가 아니라 스스로에게 집중하며 내적 요소를 발견하는 것이다. 인류가 추구하는 잠재성과 가치는 내면으로부터 시작된다.

등산이 뇌에 좋은 이유, 명상 효과

우리나라를 방문한 외국인들이 종종 놀라는 점 중 하나는 도심 근교에 산이 없는 곳을 찾기 어렵다는 사실과, 그토록 많은 산마다 사람들로 붐빈다는 점이다. 국토의 약 70퍼센트가 산으로 이루어진 이 나라에서, 한국인들이 가장 즐겨하는 취미 중 하나인 등산은 생활 속에서 명상 효과를 끌어낼 수 있는 중요한 원리를 담고 있다.

먼저 산을 오를 때를 생각해보자. 대체로 경사진 길을 걷기 때문에 자연스럽게 몸의 중심이 앞으로 기울어지며 아랫배에 힘이 들어가게 된다. 그리고 울퉁불퉁한

산길을 안정적으로 걷기 위해서는 뇌가 담당하는 균형 감각을 지속적으로 사용해야 하는 상황에 놓이게 된다.

산길을 걸으며 땅을 내딛는 과정에서 엄청난 양의 신체 감각 정보가 척수를 통해 뇌로 전달되고, 뇌에서 운동 명령이 다시 몸으로 전해지는 정보처리가 실시간으로 이루어진다. 이렇게 뇌와 신체가 끊임없이 정보를 주고받으며 순환 시스템을 활성화시키는 동시에, 경사진 곳을 오르는 동안 평소 외부로 향하던 의식이 자연스럽게 몸으로 향하게 된다.

오감만이 전부가 아니다

의식이 외부에서 몸으로 향한다는 것은 어떤 의미를 가질까. 우리는 학창 시절 오감이 감각의 전부라고 배웠지만, 실제로는 그렇지 않다. 신체는 어떤 자극에 반응하기 위해 특정 자극을 받아들이는 기관이 필요하며, 이 기관은 자극의 발생 위치에 따라 두 가지로 나뉜다. 신체 밖에서 발생한 자극을 받아들여 처리하는 신경 조직을 외수용기exteroceptor라 하고, 몸속에서 발생한 자극을 처리하는 신경 조직을 내수용기interoceptor라 한다.

산길의 오르막과 내리막을 걷다 보면 몸에 집중하게 되고, 이 과정에서 주로 사용되는 것이 바로 고유수용성감각Proprioception이다. 고유수용성감각은 자신의 신체 위치, 자세, 평형 및 움직임에 대한 정보를 중추신경계로 전달하며, 이는 근육, 관절, 힘줄에서 발생하는 감각으로 내수용기에 해당한다. 이와 함께 온도, 가려움, 근육 및 내장 감각, 배고픔, 목마름, 통증 등 몸의 생리적 상태를 느끼는 '내수용성 감각'도 있다.

결국 명상이란 외부감각을 멈추고, 이러한 내부감각을 회복하고 계발하는 과정이다. 현대 사회는 인공 불빛으로 인한 생체시계의 교란, 줄어든 신체 활동성에 따른 항상성의 저하와 자율신경계의 불균형, 흙을 밟지 않는 인류 첫 세대로 상징되는 자연과의 단절로 인해 내부감각이 점차 퇴화하고 있다.

내부감각 회복, 자연의 소리

산길을 오르다 보면 뇌 상태를 긍정적으로 변화시키는 또 다른 요소를 발견할 수 있다. 사람은 일반적으로 20~2만 헤르츠의 가청 주파수를 들을 수 있지만, 특정 주파수 대역의 자극적인 소리를 계속 듣게 되면 심리적으로도 편향된 상태가 된다고 알려져 있다. 안타깝게도 도심에서 들리는 소리 대부분은 이런 편향적이고 자극적인 소리에 속한다. 그래서 특정 대역에 국한된 소리보다는 전체 대역에 걸쳐 폭넓게 분포한 이른바 백색소음, 즉 바로 자연의 소리를 듣는 것이 좋다.

자연의 소리는 뇌에 긍정적인 영향을 미친다. 바닷가의 파도소리를 들으며 평온함을 느끼고 숙면에 빠질 수 있는 이유, 산을 오르며 들리는 새소리와 계곡 물소리가 우리에게 편안함과 기분 좋은 감정을 선사하는 이유도 바로 여기에 있다. 산길을 걷다 보면 자연스럽게 생각과 감정의 출렁거림이 줄어드는 느낌이 드는 이유이기도 하다. 이는 신체가 이완되고, 생각과 감정의 활동이 줄어들며, 뇌가 명상 단계로 진입할 준비를 자연스럽게 하기 때문이다. 따라서 산행 중에는 외부로 향하던 의식을 멈추고, 자신의 내면에 집중하며 걷는 것이 좋다. 지나친 대화는 피하고, 도심에서 쉽게 가질 수 없는 자신과의 대화를 경험해보는 것이다.

산 정상에 올라 탁 트인 풍경을 바라보면 성취감과 함께 담대함이나 평화로움 같은 감정이 일어난다. 이때 조용한 곳에 앉아 단 5분이라도 잠시 눈을 감고 내면을 들여다보는 시간을 가져보자. 뇌는 이미 명상 상태로 진입할 준비가 되어 있다. 산을 오르는 과정에서 신체의 근육은 자극과 이완을 반복하며 편안함을 찾고, 생각이 줄어들면서 뇌파는 낮아져 '이완된 집중 상태'의 초기 모드로 접어든다. 명상을 배운 적이 없더라도 뇌는 이러한 상태로 자연스럽게 변화한다. 눈을 감고 조용히 자신의 내면에 집중하는 것만으로도 충분히 명상 효과를 경험할 수 있다. 중요한 것은 이러한 뇌의 의식 상태를 조절하고 활용할 수 있는 능력이 바로 우리 자신에게 있다는 사실이다. 등산을 하며 시시각각 변화하는 뇌파는 결국 나의 몸과 뇌가 만들어내는 활동이며, 그 움직임과 의식 상태도 내가 조절할 수 있다.

서구에서 주목받고 있는 동양 정신문화의 정수인 명상은 결국 자신과의 대화이다. 하루 종일 스크린 속 정보에 노출되어 있는 세상에서 벗어나 외부로 향하던 의식을 잠시 멈추고 주말에 산을 찾아 자연과 교감하며 자신과의 대화를 나눠보는 것은 어떨까?

맨발 걷기,
느끼면서 걷고 있나요?

최근 몇 년 사이, 기업체와 교육청 연수에서 인공지능과 대비되는 인간 고유의 능력이란 무엇이며, 이를 어떻게 개발할 수 있는지에 대한 질문이 부쩍 증가했음을 느낀다. 지구상에 기계문명이 들어선 이후, 우리에게 일어난 커다란 변화는 무엇일까. 농경 사회에서 산업 사회로 넘어가며 신체 활동은 현저히 줄어들었고, 어느새 우리는 생수를 사서 마시는 것을 당연하게 여기며, 흐르는 강물을 바라보기만 할 뿐 발을 담그지 않게 되었다.

산업 사회가 정보화 사회로 진화하면서, 사람들은

태어나면서부터 스크린을 통해 정보를 입력받고 살아간다. 눈을 감아도 상상 대신 단순한 휴식으로 잠에 들고, 검색은 자주 하지만 깊은 사색은 드물게 한다. 특히 요즘 태어난 아이들은 흙을 밟는 시간이 더욱 줄어들었다. 스마트폰으로 대변되는 정보화 사회에서 현대인의 하루는 아침에 눈을 뜨는 순간부터 잠들기 전까지 대부분 외부로 향하는 의식으로 채워져 있다. 그러나 외부로 향하던 의식을 몸으로 돌리고, 이를 기반으로 내면을 관찰할 수 있을 때 비로소 자신과의 공감이 시작된다.

잃어버린 '내부감각'을 회복하기 위한 실천 방법으로 맨발 걷기를 추천한다. 밖을 나가 보면 걷는 사람들을 쉽게 볼 수 있다. 운동하는 건강한 삶에 대한 사람들의 인식이 보편화되고, 걷기가 가장 효과적이고 일상적인 운동이 되면서 아침저녁으로 어느 곳에서든 걷는 사람들을 흔히 보게 된다. 생명체이며, 자연지능을 지닌 존재이기 때문에, 흙을 밟고 자연을 느끼지 않는다면, 우리의 신체 감각은 점차 생명력을 잃어갈지도 모른다.

움직임, 관찰 그리고 느낌

걷기는 누구나 할 수 있지만, 걷는 방식에 따라 뇌의 반응은 제각기 다르다. 단순히 걷는 것과 느끼며 걷는 것은 뇌에 서로 다른 영향을 미친다. 뇌교육에서는 운동이 단순히 몸을 건강하게 하는 것을 넘어, 뇌를 깨우는 작용을 한다고 강조한다. '움직임motion'은 동물과 식물을 구분 짓는 중요한 특징이다. 외부로 향하는 움직임을 넘어, 내재화된 움직임은 곧 생각과 앎으로 이어진다. 맨발 걷기는 내부감각을 깨우는 훌륭한 두뇌훈련법으로, 걸을 때 몸에서 일어나는 '느낌'을 관찰하고 인지하는 것이 중요하다.

우리가 걸으면서 넘어지지 않고 균형을 유지하기 위해서 뇌는 끊임없이 신호를 주고받는다. 무게 중심을 유지하며 몸과 뇌가 좌우로 교차 작용하는 과정에서 엄청난 감각 입력과 운동 출력이 발생한다. 지구상에서 인간만이 유일하게 두 발로 걷는 생명체라는 점을 떠올려 볼 때, 인간의 뇌가 다른 종의 뇌와 얼마나 다른지 짐작

이 가능하다. 걷는 동안 외부로 향하던 의식을 멈추고, 자신의 몸에 집중해보라. 제대로 걸으면 신체의 근육 곳곳이 자극되고 이완되면서 몸이 점차 편안해지고, 잡념이 사라지면서 뇌파가 안정되는 이른바 '이완된 집중 상태'가 형성된다. 이는 뇌와 몸의 연결성을 강화하는 과정이다.

뇌 속 정보의 충돌과 걷기 명상

맨발 걷기에는 또 다른 뇌활용법이 있다. 나도 식사 후에 걷기를 습관화하고 있지만, 나에게 걷기란 단순한 운동 이상의 의미를 가질 때가 많다. 특히 뇌 속에서 정보의 충돌이 일어날 때 이를 해소하기 위해 걷기를 활용한다. 뇌는 간단히 보자면 뇌 바깥으로부터 정보를 받아들이고, 이를 처리하여 출력하는 정보처리기관이다. 다양한 활동을 병행하며 입력되는 정보의 양이 많아질수록 뇌 속에서 충돌이 발생하기도 한다. 해야 할 일이 많아지고 주어진 시간에 압박을 느낄 때 걷기를 통해 이러한 충돌을 해소하는 편이다.

단과대학으로 승격된 학과 운영 외에 잡지 편집장, NGO 활동까지 뇌로 입력되는 정보 입력의 다양성과 빈도가 증가할 수밖에 없는 환경에 있다. 어느 순간부터 해야 할 일이 많아지면서, 내가 시간을 주도적으로 운영하는 것보다 주어지는 시간이 많아질 때면 어김없이 '충돌'이 일어남을 느낀다. 그래서 '뇌 속 정보의 충돌'이 일어날 때면 어김없이 걷게 된다. 정보의 무게가 크면 더 오랫동안, 더 자주 걷는 나를 본다. 결국 이미 만들어진 뇌 속 길과 새로운 외부자극에 따라 생겨나는 길의 혼선이고, 정보의 부딪힘에서 오는 것임을 알기 때문이다.

걸으며 뇌파가 안정되는 순간, 주변 어딘가에 앉아 잠시 눈을 감고 내면에 집중해보라. 단 5분이라도 조용히 내면을 바라보는 시간은 평소와는 다른 '느낌'을 선사한다. 이는 의식이 확장되고 뇌가 새로운 변화를 마주하는 순간이다. 느낀다는 것은 뇌가 기존과는 다른 상태로 변화하는 것을 알아차리는 것이다. 걷는 과정에서 시시각각 변하는 뇌파는 결국 나의 몸과 뇌가 만들어내는 활동이며, 이를 조절할 수 있는 능력 또한 나에게 있다. 서구에서 주목받고 있는 동양 정신문화의 정수인 명상은 자신과의 대화라고도 했다.

걷기란 넘쳐나는 새롭고 다양한 정보를 하나의 맥락으로 내재화하며, 뇌 속 신경망을 더욱 정교하게 연결하는 과정이다. 이는 몸과의 대화로 시작해 궁극적으로는 정보처리로 이어진다. 하루에 단 10분 만이라도 외부로 향하던 의식을 잠시 거두고, 이동 수단으로서가 아닌 감각을 온전히 느끼며 걷는 시간을 습관화한다면 잃어버린 '내부감각'을 되찾을 수 있을 것이다.

심상 훈련,
지금 상상하고 있나요?

'지금 상상하고 있나요?' 우리는 일상적으로 '검색'을 하지만 '사색'을 하지 않고, '수면'은 취하지만 '상상'은 하지 않는 시대에 살고 있다. 태어나면서부터 스크린을 통해 정보를 뇌에 입력받는 인류 최초의 세대가 출현한 지금, 이 변화가 미래에 어떤 영향을 미칠지 고민해볼 필요가 있다. 먼저 '본다'는 기능에 대해 생각해봐야 한다. 인간의 뇌는 오감을 통해 외부 세계의 정보를 받아들이며, 그중에서도 시각이 가장 큰 비중을 차지한다. 인간은 외부 정보의 70~80퍼센트를 시각을 통해서 받아들인다.

실제로 시각은 뇌에서 가장 많은 영역을 차지하며, 그 체계 또한 매우 치밀하게 발달해 있다. 시각 영역은 뇌의 뒷면 아래 부분인 '후두엽Occipital Lobes'이라 부르는 영역에 자리하는데, 이 영역은 보는 것과 색깔, 모양, 움직임 등 보이는 것을 해석하는 역할을 담당한다. 세계적인 신경과학자이자 가장 논쟁적인 과학철학자로 알려진 크리스토프 코흐Christof Koch 박사는 "인간은 시각적 동물이다. 대뇌피질 4분의 1이 시각과 관련되어 있다"고 강조한다. 이는 시각이 인간의 뇌 기능과 인지 과정에서 얼마나 중요한 역할을 하는지를 보여주는 대표적인 증거다. 인간의 뇌는 외부 세계를 주로 시각적 정보에 의존하여 해석한다. 후두엽의 시각 피질뿐만 아니라 두정엽의 공간 인식, 측두엽의 물체 및 얼굴 인식, 전두엽의 시각적 판단까지 광범위한 뇌 영역이 시각과 연결되어 있다. 다시 말해, 시각은 단순한 감각 기능을 넘어 인간의 사고와 감정, 의사결정 과정에까지 깊숙이 관여하는 핵심적인 요소라고 할 수 있다.

그렇다면 눈을 감으면 뇌는 어떻게 변할까? 눈을

감는 것은 찰나의 순간이지만, 뇌는 이로 인해 극적인 변화를 경험한다. 일반적으로 사람들은 눈을 감는 행위를 수면과 연결 짓지만, 뇌에서는 단순한 감각 차단 이상의 일이 벌어진다. 눈을 감으면 외부에서 들어오는 시각 정보의 유입이 차단된다. 이에 따라 대뇌피질의 시각 관련 부위(후두엽, 측두엽)가 상대적으로 덜 활성화되는 반면, 전두엽과 두정엽의 내부적 사고 및 기억과 관련된 영역이 더욱 활성화된다. 코흐의 연구에서도 눈을 감았을 때 내부 시뮬레이션mental simulation이 증가하고, 기억을 떠올리거나 상상을 하는 뇌활동이 활발해지는 것이 관찰되었다. 이는 단순한 감각 차단이 아니라 뇌가 외부 세계보다 내부적인 정보 처리에 더 집중하는 상태로 변화함을 의미한다.

뿐만 아니라 눈을 감으면 뇌의 전반적인 활동 패턴도 바뀌는데, 뇌파 검사 연구에 따르면 눈을 감는 순간 알파파(8~12Hz)가 증가하는 경향을 보인다. 알파파는 이완과 창의적 사고, 집중력 향상과 관련이 있는 뇌파다. 코흐는 눈을 감을 때 뇌의 디폴트모드네트워크Default

Mode Network, DMN가 활성화된다고 설명하는데, 이는 명상이나 깊은 사고 상태에서 활동하는 네트워크와 유사하다. 즉, 눈을 감는 행위 자체가 단순한 감각 차단이 아니라 창의성과 자기 성찰을 촉진하는 신경학적 변화를 유도할 수 있다는 것이다.

따라서 눈을 감는 것만으로도 감각을 재조정할 수 있다. 즉 청각, 촉각, 후각 등 다른 감각들을 더 예민하게 활성화시킬 수 있다. 시각이 차단되면 청각 피질auditory cortex과 촉각 피질somatosensory cortex이 더 활성화되는 현상이 관찰되는데, 이는 뇌가 감각 간 균형을 맞추기 위해 다른 감각의 민감도를 높이는 과정이며, 장기적으로는 시각장애인의 경우 청각과 촉각이 더욱 발달하는 현상과도 연결된다. 즉, 눈을 감는 것이 단순한 시각 차단이 아니라 감각 간 조절 메커니즘을 작동시키는 역할을 한다는 점이 중요하다.

대부분의 사람은 눈을 감는 것을 수면과 연관 짓는다. 실제로 하루 24시간 중 눈을 감고 있는 시간 대부분은 수면과 연결되어 있다. 수면 중에는 시각 피질이 거의 활동하지 않는 대신 기억을 강화하고 감정을 조절하는 영역들이 활성화된다. 렘수면 단계에서는 시각과 관련된 후두엽이 다시 활성화되며, 이는 생생한 꿈을 꾸는 과정과 연결된다. 코흐는 꿈을 꾸는 동안 후두엽의 시각적 활동이 깨어 있을 때와 유사하게 작동한다고 설명하며, 꿈을 "내부적으로 생성된 시각 경험"으로 해석했다. 또한 수면 중에는 새로운 정보를 처리하고 기존의 기억과 연결하는 과정이 이뤄지는데, 눈을 감는 행위 자체가 알파파를 증가시키는 것처럼 수면은 문제 해결과 창의적 사고를 촉진하는 중요한 역할을 한다. 코흐는 "깨어 있는 동안 학습한 정보가 수면 중에, 재구성되며, 이 과정이 창의성과 직관적 사고에 중요한 역할을 한다"고 주장했다. 이를 토대로 봤을 때 눈을 감는 것은 단순한 감각 차단이 아니라 자기 성찰과 창의적 사고를 위한 모드로 전환되는 과정이라고 볼 수 있다.

상상 기제의 중요성을 이해하려면, '눈이 아니라 뇌가 본다'는 사실을 인지하는 것이 필요하다. 외부 세계의 정보가 들어오는 첫 관문은 양쪽 눈이다. 정확히 얘기하면 수정체와 망막이다. 렌즈 역할을 하는 수정체를 통해 망막에 상이 맺히고, 망막에 있는 시세포는 전기 신호로 바꾸는 역할을 한다. 이 신호는 뇌 속 정보 중계소인 시상을 거쳐 후두엽의 시각중추로 전달되고, 뇌는 이를 3D 영상으로 변환하여 우리가 세상을 볼 수 있도록 한다. 결국 눈은 외부 세계의 정보를 뇌로 보내는 관문이지, '본다'는 기능은 결국 뇌가 담당하는 셈이다. 그렇다면 두 눈으로 입력받아 보는 것과 상상을 통해 만들어진 것을 보는 것은 어떤 차이가 있을까?

미국 클리블랜드병원 신경과학자 광 예Guang Yue 박사는 '마음을 이용한 근력 키우기'란 연구결과를 저명 학술지에 게재한 바 있다. 피험자들은 팔을 특정한 부위에 올려놓은 후 마음속으로만 근육을 강하게 수축시키는 상상 훈련을 했다. 각 훈련 시간은 10~15분 정도로, 총 50회 정도를 반복하면서 매 10초 정도씩 마음속으로 명령을 내렸다. 4개월간의 훈련 끝에, 피험자들 모두 근육이 15퍼센트 가량 강화되는 결과를 얻었다. 이는 뇌가 신호를 통해 근육을 자극할 수 있다는 것을 보여준다. 상상이란 정신적 작용이 육체적 변화를 초래할 수 있음을 의미한다. 우리의 뇌는 상상과 현실을 명확히 구분하지 못한다. 생생하고 구체적인 상상을 하면 뇌는 이를 현실처럼 받아들인다. 중요한 점은 이러한 상상을 어떻게 활용하느냐다.

심상 훈련의 세계

상상 기제를 활용한 심상 훈련은 이미 스포츠계에서 널리 활용되고 있다. 한국 유도에서 '한판승의 사나이'로 유명했던 이원희 선수는 이미지 트레이닝을 통해 2003년 세계선수권, 2004 아테네 올림픽에 이어 2006년

도하 아시안게임 금메달까지 따며 한국 유도 최초의 그랜드슬램을 달성해냈다. 그는 틈틈이 매트에 앉아 상대 선수와 실제 시합을 하는 장면을 머릿속으로 끊임없이 그렸다. 상대가 어떤 기술을 사용할지, 이에 어떻게 대응할지를 상상하며 시합을 준비한 것이다.

우리의 뇌는 상상으로 구체적이고 생생한 정보를 입력받으면 이를 실제 경험처럼 기억한다. 현실과 상상이 결합된 형태로 정보를 처리하기 때문에 상상 속에서 충분히 연습한 것은 뇌가 실제 경험으로 간주한다. 이는 처음 접하는 상황에서도 익숙하게 대응할 수 있도록 한다. 상상이든, 현실이든 뇌는 정보를 입력하고, 처리한다. 그리고 필요한 시점에 뇌 속에 저장된 정보를 출력해 현재에 대응한다. 뇌 입장에서는 저장된 정보를 출력할 뿐이므로, 현실 속에서 처음 접하는 상황이 오더라도 뇌는 처음이 아닌 셈이다.

스포츠뿐만 아니라 예술 분야에서도 상상은 창작의 핵심이다. 상상은 그들이 가진 최고의 무기이다. 대부분의 사람들은 현실세계가 99퍼센트이지만 어떤 사람들에게는 그 반대일 수 있다. 예술가들에게 현실은 그들의 상상이 투영된 결과물일지도 모른다. 이미 머릿속에서 완성된 것을 세상에 표현해내는 것이다. 책을 읽을 때 이야기의 장면이 마치 영화처럼 머릿속에 생생하게 펼쳐진 적이 있는가? 마치 그 책 속 내용이 영화의 한 장면처럼 생생히 나타나는 것을 겪어본 적은 없는가. 어떤 작가는 글을 쓴다는 것은 머릿속에 떠오른 것들을 단지 표현하는 것일 뿐이라 했다. 상상은 인간이 가진 위대한 자산으로, 이를 잘 활용하면 우리의 삶에 큰 변화를 가져온다.

상상이 현실을 만든다

검색이 일상화되고 상상이 결핍되는 시대, 우리는 상상력을 잃어가고 있다. 외부자극에 일상적으로 노출된 청소년 중에는 눈을 감으면 불안정한 뇌파가 나타나는 경우도 적지 않다. 이는 무의식적인 두려움에서 비롯된다. 인간의 뇌는 무한한 잠재력과 경이로움을 가지고 있다. 지구상에 존재하는 생명체 중 인간만큼 상상의 나래를 펼 수 있는 존재는 없다. 인간에게 있어 '상상'은 그것을 현실로 구현하는 창조성의 근원이기 때문에 무엇보다 중요하다. 오늘날 인류가 이룩한 문명 또한 그 상상에서 출발했다. 컴퓨터, 자동차, 비행기, 우주선 등 모든 것이 우리의 뇌 속에서 비롯되었다. 꿈을 현실로 만드는 것, 창조성의 발현은 바로 상상으로부터 시작된다. 검색이 일상화되고 상상이 결핍되는 시대, 하루 10분만이라도 눈을 감아보자. 새로운 세상이 열릴 것이다.

인공지능 시대,
리더가 되는 여섯 가지 두뇌활용 습관

인공지능 시대가 가속화될수록 인간 고유역량을 계발하는 것은 미래 교육의 핵심 화두가 될 것이다. 인간의 뇌는 정보를 입력받아 처리하고 출력하는 정보처리기관이다. 그렇기에 디지털 정보에 종속되느냐, 이를 활용하느냐가 미래 리더로 성장하는 데 중요한 열쇠가 된다. 디지털 정보화 사회 속에서 미래의 리더가 되기 위해 필요한 여섯 가지 두뇌활용습관을 뇌교육 관점에서 정리해보자.

첫째, 매주 최소 반나절 이상 디지털 정보단식을 갖는다.

세상 모든 것이 연결된 디지털 사회 속에서 인간의 뇌는 이제껏 경험하지 못한 엄청난 정보를 의식적으로, 무의식적으로 입력받으며 살아간다. 집에서 TV를 보거나 스마트폰을 사용하는 동안뿐만 아니라, 지하철이나 버스를 타거나 길을 걷는 등 이동 중에도 우리는 끊임없이 스크린을 통해 정보를 보고, 듣는 환경 속에 노출되어 있다. 하지만 디지털 시대가 아무리 발전해도 인간의 뇌구조와 기능은 수십만 년 전 그대로다. 인간의 뇌는 기본적으로 바깥으로부터 정보를 입력받아 처리한다. 하지만 바깥으로부터의 정보를 차단할 때 비로소 내면을 향한 고등의식 기제가 작동하기 시작한다. 이를 위해 매주 반나절 이상 디지털 정보 단식을 실천해보자. 이는 뇌의 내면적 균형과 고유역량을 회복하는 데 필수적이다.

둘째, 땀을 흘릴 만큼의 운동 습관을 갖는다.

'움직임motion'은 동물 기제의 근간이며, 뇌를 변화시키는 핵심 요소다. 운동은 단순히 몸을 건강하게 하는 것을 넘어 뇌를 건강하게 한다. 특히 땀을 흘릴 만큼의 움직임은 더욱 효과적이다. 좋은 의식 상태를 유지하기 위한 첫 번째 필수 조건은 자신의 신체 상태의 균형을 맞추는 것이며, 그 열쇠는 바로 운동 습관에 있다.

주변을 돌아보면 몸을 움직이기 좋아하는 사람은 책을 가까이 하기 어려워하고, 책을 좋아하는 사람은 반대로 몸 쓰는 것을 힘들어 한다. 인체 내부로부터 오는 감각이냐, 외부로부터 오는 감각이냐에 따라 뇌의 정보 처리 패턴에 차이가 발생하기 때문이다. 정보 소비와 신체 활동은 균형을 이루어야 한다. 책을 가까이하는 사람도 몸을 움직이는 데 익숙해져야 하며, 반대로 몸을 쓰는 데 익숙한 사람은 지적 활동을 병행해야 한다. 정보 습관과 운동습관은 병행할 때 균형이 잡힌다.

셋째, 방향성을 갖기 위한 목표를 설정한다.

뇌는 평상시에는 수없이 많은 기능이 제각기 외부 자극에 대응하며 생존을 위해 발현되지만, 방향성을 가질 때 여러 기능이 통합으로 연결된다. 따라서 뇌가 방향성을 갖도록 목표를 설정하고 이를 달성하며 성취 경험을 축적하면, 뇌는 성공 정보를 기억하며 스스로를 강화한다. 따라서 목표는 가능한 수치적이고, 명확할수록 좋다. 추상적인 목표는 뇌에 오래 기억되지 않는다. 명확한 목표는 뇌의 방향성을 잡아주고, 이를 통해 더 큰 성과를 이룰 수 있는 발판이 된다.

넷째, 지속가능한 성장을 위해 가치 있는 비전을 설정한다.

뇌가 지속 가능한 성장을 이루기 위해서는 가슴 뛰는 가치 있는 비전이 필요하다. 좋아하는 일도 반복되고 시간이 지나면 뇌가 식상해하지만, 가치 있는 비전은 뇌를 하나의 방향으로 지속해서 몰입하게 만든다. 특히 사회적으로 공익성을 지닌 비전은 뇌를 활성화할 뿐만 아니라 자신을 더 큰 목표로 이끈다. 비전은 미래의 나를 그리며 현재의 나에 집중하도록 만드는 강력한 열쇠가 된다.

다섯째, 명상을 통해 통찰의 기회를 갖는다.

현대인들은 검색은 자주 하지만 사색은 잘 하지 않는다. 수많은 정보가 뇌를 점령하는 디지털 시대에 정보에 압도되지 않으려면, 자신만의 성찰 시간과 통찰의 기회를 가져야 한다. 리더가 되고자 하는 사람에게 명상은 외부로 향하는 의식을 내면으로 돌리고, 스스로에 대한 성찰과 영감을 얻는 최적의 방법이다. 다국적 IT 기업들이 인간 고유역량을 발굴하기 위해 명상을 활용하는 이유도 여기에 있다. 수천 년간 내려온 동양 정신문화의 정수이자 뇌의 고등의식 계발법인 명상은 리더로 성장하고자 하는 이들에게 필수적이다.

명상을 처음 시작하는 사람들도 대부분 눈을 감으면 쉽게 잠에 빠지곤 한다. 이는 현대인들이 자율신경계의 불균형 상태에 놓여 있기 때문이다. 더구나 밖으로 향하는 의식패턴이 대부분을 차지하는 지금과 같은 정보화 사회 속에서 의식의 방향을 내면으로 향하게 하는 것은 갈수록 어려워지고 있다. 눈을 감고 의식을 놓아버리면 뇌파는 실제 수면 상태로 변하지만, 깨어 있는 의식을 유지하면 뇌에서는 또 다른 일이 일어난다.

여섯째, 만나는 사람들과 자신의 비전을 공유한다.

자신의 비전을 가능한 많은 사람과 공유하라. 처음에는 허황되고 멀리 느껴질지라도, 주변과 비전을 나누다 보면 그 꿈은 점차 구체화되고 보완될 가능성이 한걸음 높아진다. 비전을 공유하면 그 꿈이 다른 사람에게도 비전이 될 수 있다. 비전을 공유하는 사람과 함께 성장하며, 창조는 결국 비전을 공유한 이들 사이에서 이루어진다. 이는 상호작용을 통해 서로의 뇌가 반응하고 발전하는 과정이다.

이 여섯 가지 두뇌활용 습관은 인공지능 시대에 인간 고유의 역량을 계발하고, 미래의 리더로 성장하는 데 중요한 토대가 될 것이다. 디지털에 종속되지 않고, 스스로의 뇌를 주도적으로 활용하며 내면의 성장을 이루어보자. 미래는 준비된 뇌를 가진 리더에게 열려 있다.

멀티태스킹 시대, 다섯 가지 두뇌활용 가이드

"멀티태스킹이 뇌에 좋지 않다면서요?" 내가 교수로 있는 뇌교육학과 학생들과 뇌활용에 관심 있는 분들을 대상으로 운영하는 유튜브 채널에서 가장 자주 듣는 질문 중 하나다. 인간의 뇌가 멀티태스킹multi-tasking에 적합하지 않다는 것은 틀린 말이 아니다. 뇌신경학자 얼 밀러Earl Miller는 우리의 뇌가 멀티태스킹을 잘 수행하도록 설계되지 않았다고 말하며 이를 뒷받침하는 연구 결과도 여럿 있다. 예컨대 2010년 《사이언스Science》지에 발표된 프랑스 국립보건의학연구소의 연구에서는 19세부터

32세까지의 남녀 지원자 각 16명을 대상으로 한 연속적 단어 만들기 실험에서 fMRI 뇌영상을 촬영한 결과, 작업의 종류를 두 가지로 늘리면 실수가 잦아지고, 세 가지로 증가하면 기억력과 집중력이 저하된다는 결과를 보여주었다.

또한, 2014년 영국 서섹스 대학 연구팀은 여러 전자기기를 동시에 사용하는 남녀 75명을 대상으로 한 연구에서 멀티태스킹을 자주 하고 오래 지속한 사람일수록 뇌의 회백질 밀도가 줄어드는 경향이 있다는 사실을 밝혀냈다. 이처럼 정보화 사회가 가속화되면서 청소년들의 멀티태스킹에 대한 연구도 이어지고 있다. 2020년, 미국 스탠퍼드대 심리학과와 캘리포니아 샌프란시스코대 의대 공동 연구팀은 미디어 멀티태스킹이 청소년들의 주의집중력과 기억력 저하의 주요 원인임을 《네이처 Nature》지에 발표한 바 있다.

그렇지만 과학적 사실과 현실에서 느껴지는 경험은 다를 때가 있다. 실제로 직장에서 여러 업무를 동시에 능숙하게 처리하는 사람들을 보며 "저 사람은 멀티태스킹을 잘하네"라고 말하기도 한다. 그러나 이는 엄밀히 말해 뇌가 멀티태스킹을 하는 것이 아니라 업무A에 집중하다가 업무B로 빠르게 의식을 전환하는 스위칭 능력과 빠른 주의집중도의 결과다.

아동청소년기의 멀티태스킹 위험성

뇌과학적 관점에서 보면 '멀티태스킹 능력'은 뇌에 좋지 않다고 할 수 있으나, 모든 것이 연결된 정보화 사회를 살아가면서 다양한 업무환경에 노출되어 있는 현대인들에게 단순히 멀티태스킹이 나쁘다고 말하는 것은 현실적으로 받아들이기 어려울 수 있다. 그렇다면 거부할 수 없는 멀티태스킹 사회를 살아가는 현대 시민에게 바람직한 두뇌활용 가이드는 무엇일까. 우선은 유아기 및 아동청소년기의 뇌와 성인의 뇌를 구분해서 볼 필요가 있다. 성인의 뇌 크기의 90퍼센트가 완성되는 6세까지의 유아기 뇌는 멀티태스킹 환경에 잦게 노출되거나 과도한 행동 반응을 요구받으면 부정적인 영향을 받을 수 있다. 인간은 태어나면서부터 환경과의 상호작용을 통해 신체, 정서, 인지 사고 체계의 두뇌 발달을 단계적으로 이루는 특별한 과정을 거치기 때문이다.

아동청소년기 역시 멀티태스킹 환경에 적합하지 않다. 정보화 사회에서는 뇌가 정보처리기관으로서 더욱 중요한 역할을 하며, 주어지는 자극이 뇌 신경망 형성과 밀접하게 연관된다. 아동청소년기에 두뇌 발달의 핵심 기제는 반복 훈련과 몰입 경험이다. 1차 두뇌 발달을 기초로 충분한 자극이 깊게 이루어져야 할 시기에, 단기적이고 잦은 스위칭 환경에 지속적으로 노출된 뇌는 발달 과정에서 큰 변화를 겪을 수밖에 없다.

성인을 위한 멀티태스킹 두뇌활용 가이드

하지만 성인기의 뇌는 상황이 조금 다르다. 이미 기본적인 신경망이 설정된 세팅을 마친 성인은 정보화 사회에서 효율적이고, 높은 성취를 이루기 위해 두뇌를 어떻게 활용할지 고민해야 한다. 그렇다면 멀티태스킹 정보화 사회 속 좋은 두뇌활용 가이드는 무엇일까.

첫째, 단순 반복 업무에 멀티태스킹을 적용한다. 뇌의 정보처리 과정이 복잡하지 않은 단순 업무는 멀티태스킹에 적합하다. 실수가 적고, 익숙해질수록 업무 시간이 단축되는 장점도 있다.

둘째, 익숙한 업무는 멀티태스킹에 포함한다. 남들이 보면 복잡하고 어려울 수 있어도 당사자의 업무 숙련도가 높으면 뇌의 신경망이 이미 패턴화되어 상대적으로 정보처리에 유리하기 때문에 복잡해 보이는 작업도 멀티태스킹으로 처리할 수 있다.

셋째, 복잡한 업무는 멀티태스킹에서 철저히 배제한다. 복잡한 정보처리를 요구하는 업무는 분리된 시간에 집중적으로 수행하는 것이 신경망에 혼선을 주지 않고, 뇌 기능 유지와 향상에 도움이 된다.

넷째, 멀티태스킹이 전혀 필요 없는 몰입의 시간을 설정한다. 다양한 업무와 잦은 회의 등 정보처리 빈도가 증가할수록 몰입의 시간을 마련해 뇌에 집중하는 경험을 제공하는 것이 좋다. 외부로부터 지나친 정보 입력과 멀티태스킹 환경이 일상화되는 시간이 지속되면, 정보 종속성이 커지면서 몰입 능력이 감퇴되기 쉽다.

다섯째, 외부의 자극이 전혀 없는 내면을 향한 시간을 확보하라. 현대인들은 하루 24시간 중 90퍼센트 이상 의식이 외부를 향해 있다. 수없이 많은 스크린과 사람들로부터 끊임없이 자극을 받는 뇌는 그러한 자극에 쉴새 없이 반응하느라 자기 인식과 알아차림 능력을 잃기 쉽다. 따라서 내면을 돌아보는 시간을 정기적으로 갖고 훈련하는 것이 중요하다.

'내면의 나를 향한 시간 얼마나 갖고 있나요?'

뇌를 잘 쓰는 법,
반복 훈련과 몰입 경험

《브레인》 잡지 편집장으로 활동하며 다양한 '파워브레인'을 만난 경험이 있다. 그중에서도 특히 기억에 남는 인물로, 20대에 광고천재로 불렸던 이제석 대표를 꼽을 수 있다. 그는 20대 후반에 세계 3대 광고제 중 하나인 '원쇼 칼리지 페스티벌'에서 최우수상을 수상하며 광고계에 이름을 알렸다. 이어 광고계의 오스카상이라는 클리오 어워드 동상, 미국광고협회의 애디 어워드에서 금상 2개 등 1년간 국제 광고제에서 29개의 상을 휩쓸며 주목받았다. 2009년에는 이제석광고연구소를 설립해 기존 광고의 패러다임을 뒤집는 새로운 시도를 선보였으며, 지금까지도 공익광고 활동을 꾸준히 이어가고 있다. 2010년 이제석 대표가 한국으로 들어왔을 당시 그와 몇 차례 만난 적이 있다. 이듬해인 2011년에는 유엔공보국UN-DPI 비영리국제단체인 국제뇌교육협회를 통해 유엔본부에서 열린 뇌교육 세미나에 그를 초청하며 더욱 깊은 교류를 나눌 수 있었다.

학창 시절 학업 성적이 뛰어나지 않았던 그가 어떻게 20대의 나이에 세계 광고계를 휩쓸게 되었는지에 대한 대중의 궁금증은 그의 어린 시절 이야기를 들으며 많은 부분 해소되었다. 그는 늘 '창의적 태도가 창의적 아이디어를 만든다'고 강조했는데, 이 말 속에는 중요한 메시지가 담겨 있다. 창의적 결과물을 만들어내는 데는 능력보다 습관화된 태도가 더 중요하다는 것이다. 누구나 창의적인 생각을 할 수 있지만, 세상을 다르게 바라보는 시각은 결국 태도와 습관이 좌우한다는 것이다.

태도와 창의성

뇌교육의 관점에서 볼 때 '태도attitude'는 오랜 훈련의 산물이다. 태도란 몸과 마음의 상태가 외부로 드러나는 것으로, 내재된 인간의 역량을 의미한다. 창의성은 결코 한순간에 발현되지 않고, 축적된 시간과 훈련을 통해 형성된다.

이제석 대표는 어린 시절 학업 성적에 주눅 들게 하지 않고, 오히려 자신만의 대범함으로 멍하니 시간을 보내며 브레인스토밍과 명상을 자연스럽게 터득했다. 두뇌는 입출력의 자극 없이는 변하지 않는다. 고교 시절 그림에 재능을 발견한 이후 그는 대학 4년 동안 하루도 쉬지 않고 치열하게 노력하며 자신을 단련했다. 그의 어린 시절 대범함은 이후 몰입 경험을 이끄는 원동력이 되었다. "광고 작업 중에는 술, 담배를 하지 않고, 밤 새워 일하지 않으며, 설레는 기분 좋은 뇌 상태를 만들려고 노력한다. 스스로 목표로 하는 것, 뚜렷하게 하고 싶은 것이 생기면 뭐랄까 초자연적인 힘이 나오는 것 같다"는 이 대표의 생활습관에는 뇌를 잘 활용하는 원리가 단적으로 녹아 있다.

뇌의 변화와 훈련

'뇌는 훈련하면 변화한다'는 말은 뇌과학의 핵심 원리 중 하나다. 인간은 유전과 환경의 조합으로 변화하는 고등생명체다. 유전에 영향을 많이 받는 다른 동물과 달리, 인간은 환경과의 상호작용을 통해 변화하는 존재로, 어떠한 환경에 자신을 놓고 반복적으로 훈련하느냐에 따라 유전자 발현과 뇌활성화가 달라진다. 인류 뇌과학의 위대한 성과 중 하나로 손꼽히는 '신경가소성'은 환경 속에서 인간의 역동적인 변화와 성장을 잘 제시한다. 세계적인 신경과학자 브라이언 콜브는 뇌에 변화를 일으키는 모든 것은, 개인의 미래도 바꾼다고 강조했다. 뇌는 유전자만의 산물이 아니라 평생에 걸쳐 쌓이는 경험을 통해 조각되는 것이기 때문에, 경험이 뇌의 활성도를 변화시키며 이는 행동 변화로 이어진다고 밝혔다. 이는 반대로 행동이 뇌를 바꾸기도 한다는 뜻이다.

뇌는 기본적으로 반복적 훈련을 통해 변화한다. 치열한 반복 훈련은 신경망을 강화시키고, 몰입 경험은 뇌를 한 단계 도약시킨다. 미국의 저명한 심리학자 미하이 칙센트미하이Mihaly Csikszentmihalyi는 몰입 경험을 '플로우flow'라고 부르며, 이는 고도의 집중 상태에서 시간과 공간의 흐름을 잊어버리고 나아가 자신의 생각마저 잊어버리는 심리적 상태라고 표현했다. 몰입은 마치 물이 흐르는 것처럼 편안한 느낌으로, 몰입하는 동안에는 강력한 힘이 생겨 자신의 능력치를 최대치로 이끌어내게 된다. 그는 자신의 저서 『몰입의 재발견The Evolving Self: A Psychology for the Third Millennium』에 "명확한 목표가 주어져 있고, 활동 효과를 곧바로 확인할 수 있으며, 과제의 난이도와 실력이 알맞게 균형을 이룬다면 누구나 어떤 활동에서도 몰입을 경험하고 삶의 질을 끌어올릴 수 있다"고 말한다.

학습과 뇌 발달

가끔 중고등학생 멘토 특강에서 학생들로부터 "성인이 되면 쓰지도 않을 미적분을 왜 공부해야 하나요?", "내가 좋아하는 것만 하면 안 되나요?", "저는 OO 과목이 싫어요"라는 질문을 받는다. 물론 나중에 사회에 나가 써먹지 않는 학습 내용도 많다. 하지만 두뇌 발달 관점에서 이러한 질문은 틀렸다. 대다수의 동물들은 태어나고 얼마 되지 않아 움직이기 시작하고 뇌기능의 대부분 사용하지만, 인간은 동물과 달리 성인 수준으로 뇌기능을 쓰려면 많은 시간이 필요하다.

인간의 뇌는 환경과의 상호작용을 통해 신체적·정서적·인지적 사고 체계가 긴 시간 동안 발달한다. 언어와 국어 공부는 종합적 사고력을, 수학은 수리적 사고를, 과학은 자연과학적 원리를 습득하는 데 도움을 준다. 인간은 오랜 기간의 뇌 발달 과정 속에서 그러한 신경망 체계를 얼마나 강화시키느냐에 따라 성인 이후의 뇌활용이 달라진다. 따라서 10대와 20대 시절 아무것도 하지 않는 것은 뇌 발달에 가장 안 좋다. 뇌는 가만히 있어도 발달 과정을 겪지만, 내부 공사가 제대로 이루어지지 않으면 이후 활용하는 데 어려움을 겪을 수 있다. 스스로 무엇을 좋아하는지 모르겠다는 말 역시 적합하지 않다. 목표를 가지고 행동하다 보면 성취감을 얻게 되고, 성취감은 그 다음 단계를 보게 한다. 결국 자신의 장점과 가치를 발견하는 과정은 기초적인 훈련과 몰입 경험을 통해 이루어진다.

사람과의 상호작용보다 스크린과의 대화에 익숙한 인류 첫 세대가 출현한 시대. 사색이나 상상을 하지 않고, '나'를 잃어버린 그 자리에 외부 정보가 자리를 차지하는 사회로의 진입은 앞으로 가속화될 것이다. 그러한 환경에서 스스로를 알아차리려는 노력을 게을리 하지 않는다면 우리는 본연의 모습을 잃지 않고 인간성을 유지하며 살아갈 수 있을 것이다. 반복 훈련은 뇌를 강화시키고, 몰입 경험은 뇌를 점프시킨다. 뇌를 움직이는 이러한 원천은 스스로를 알아차리는 데서 시작된다.

'지금 나는 깨어 있나요?'

좋은 뇌 상태가 좋은 의사결정을 만든다

리더의 자리에 오를수록 가장 크게 변화하는 두뇌 환경은 무엇일까? 바로 의사결정의 범주가 넓어지고, 선택의 빈도가 급격히 늘어난다는 점이다. 이는 기업 임원 대상으로 강의를 할 때 자주 접하는 질문이기도 하다. 인생이 선택의 연속임을 감안하면, 이는 매우 중요한 문제라 할 수 있다. '좋은 의사결정을 어떻게 할 수 있을까?'라는 질문에 대해 명확한 답을 내리기는 어렵다. 경영 전문가도 아니고, 수많은 데이터가 반드시 좋은 선택으로 이어지는 것도 아니며, 주변 상황이나 시대적 흐름 등 고려해야 할 요소가 너무나 많기 때문이다. 그러나 뇌교육의 관점에서 보자면 이렇게는 답할 수 있다. '좋은 의사결정은 좋은 뇌 상태일 때 나올 가능성이 높다.' 직장인들이 직무 스트레스 관리, 집중력 향상, 업무 몰입도, 창의성 증진 등으로 고민하는 이유도 결국은 개개인의 뇌 상태와 연결되어 있다. 따라서 좋은 뇌 상태를 만드는 것이 핵심이라는 결론에 이르게 된다. 그렇다면 좋은 뇌 상태는 어떻게 만들어질까?

첫째, 신체 상태의 균형을 체크하라.

'휴먼브레인Human Brain'은 지구상에서 가장 발달되고 복잡한 뇌 기능과 구조를 갖추고 있는데, 1950년대 미국의 신경과학자 폴 맥린은 인간의 뇌를 진화 단계에 따라 세 층으로 구분했다. 가장 안쪽 1층에 위치하며 생명 기능을 담당하는 '파충류의 뇌'라고도 불리는 뇌간brain-stem, 그 바깥쪽 2층에는 감정을 관장하는 대뇌변연계limbic system, 그리고 가장 바깥쪽 3층으로 이성과 사고를 담당하는 대뇌피질neo-cortex로 뇌가 구성된다고 말하며, 이를 '삼위일체 뇌'라고 명명했다. 이 이론은 오늘날까지 교육 및 훈련분야에서 널리 활용되고 있다.

각 층은 서로 연결되어 있어 영향을 받는데, 아래층이 안정적으로 기능해야 상층의 고차원적 기능이 제대로 작동할 수 있다. 생명 기능을 관장하는 뇌간이 약하거나 신체 상태가 불균형하면 감정과 이성적 기능 또한 제대로 발현되지 않는다. 예를 들어, 몸이 건강할 때는 주변의 작은 자극에도 크게 흔들리지 않지만, 몸 상태가 좋지 않으면 작은 일에도 감정이 요동친다. 따라서 신체 상태의 균형을 잡는 것이 출발점이다.

둘째, 감정 상태의 균형을 체크하라.

다음으로 눈여겨봐야 할 부분이 감정과 이성적 사고 간의 관계성이다. 우리는 흔히 CEO가 이성적이고,

합리적으로 의사결정을 하며 감정의 기복이나 개입 없이 객관적 판단을 내린다고 생각한다. 그러나 오늘날 뇌과학에서의 많은 연구결과들은 그러한 믿음이 착각일 수 있다는 논리를 설득력 있게 제시한다.

다마지오 교수는 인간 정서에 대한 과학적 연구를 통해 "인간의 의사결정은 감정에 의해 크게 좌우된다. 판단과 의사결정 과정에서 정서가 주도적으로 개입되며, 사람은 충분한 시간을 들여 합리적인 결정을 하기보다는 정서적 기억과 상태에 따라 많은 영향을 받는다"는 결과를 제시한 바 있다. 따라서 감정 상태의 균형을 유지하는 것은 좋은 의사결정을 위해 필수적이다.

셋째, 습관적인 의식 편향성을 체크하라.

인간의 뇌는 변화 가능한 특성을 지닌다. 이는 신경가소성으로, 반복적 학습과 경험을 통해 뇌가 빠르게 적응하고 변화할 수 있음을 의미한다. 특히 CEO들은 보통 사람들보다 다양한 경험과 방대한 데이터를 처리하며 반복적으로 훈련된 두뇌를 가지고 있다고 볼 수 있다. 그러나 이러한 신경망의 강화는 자칫 편견이나 선입견과 같은 하나의 고착된 의식 구조를 만들 위험도 있다. 새로운 기술이나 정보 습득에는 유리하지만, 사고와 감정의 유연성 측면에서는 고정된 사고 패턴이 될 수 있다는 것이다. 이는 '아, 저 사람은 너무 경직되어 있어' 또는 '사고가 편향적이야'와 같은 표현으로 설명된다.

리더로서 방대한 경험과 지식을 축적했더라도 사고의 유연함을 유지해야 한다. 뇌 속 정보의 편향성이 새로운 도전과 의식의 확장을 방해할 수 있기 때문이다. 결과적으로 매순간 중요한 의사결정을 올바르게 하기 위해서는 깨어 있는 의식을 유지하는 것이 중요하다. 이는 간단한 스트레칭과 움직임만으로도 증진할 수 있다. 감정이 요동칠 때는 5분간 반복해서 호흡을 천천히 깊게 들이마시고 내뱉으면서 몸을 이완시키는 것만으로도 효과를 볼 수 있다. 한번 실천해보자.

좋은 뇌 상태의 균형을 유지하는 것은
좋은 의사결정을 위해 필수적이다.

"인공지능과 공존하는 인류 첫 세대'라는 21세기는
뇌 속에 담긴 정보의 질과 양이
그 사람의 행동과 사고를 결정짓는 열쇠가 될 것이며,
정보를 인식하고, 처리하고, 활용하는
정보처리 기술이 그 중심에 자리하게 될 것이다.
뇌교육의 가장 커다란 가치는 바로 이러한 '정보'를
긍정적인 방향으로 처리하는
이른바 '정보처리 기술'에 있다."

—「IBREA 지속가능성보고서」(2019)

외적역량이 아닌 내적역량 계발의 시대

어느 순간부터 사람들의 아침 습관이 달라지기 시작했다. 물 한 잔을 마시거나 세수를 하고 신문을 펼치던 행위 대신 스마트폰을 들여다보는 일이 일상이 되었다. 아이를 키우는 가정에서는 아이에게서 스마트폰을 떼어놓느라 한바탕 전쟁을 치른다. 사람보다 스크린이 더 익숙한 세대, 흙을 밟지 않는 인류 첫 세대에게 진정으로 필요한 것은 인공지능에 대한 호기심과 두려움을 넘어 인간만이 가진 고유한 기제, 즉 자연지능의 회복과 계발이다.

뇌와 정보의 관계

오늘날 인공지능 시대의 기반이 된 것은 0과 1로 이루어진 컴퓨터이며, 이는 인간 뇌의 정보처리 방식을 본뜬 것이다. 하지만 정작 우리는 뇌의 존재를 크게 인식하지 않고 살아간다. 마치 컴퓨터를 사용하는 것이 너무 일상화되어 컴퓨터가 어떻게 작동하는지 고민하지 않는 것처럼, 뇌 또한 의식하지 않는다. 문제는 정보화 사회로의 진입과 현저하게 줄어든 신체 활동으로 인해 자율신경계의 불균형이 발생하고, 이것이 '정보 중독'과 '정보 종속'으로 이어지며 '나'를 잃어가는 사회로 변화될 수 있다는 점이다.

뇌는 생물학적 기관이자 정신활동을 담당하는 유일한 기관이다. 컴퓨터가 하드웨어와 소프트웨어로 구분되듯이, 뇌도 정보처리 자체를 통해 하드웨어와 소프트웨어를 동시에 변화시킨다. 모든 정보는 결과적으로 뇌의 활동에 의해 축적되고 활용되어진다. 정보의 양이 많아지고 반복될수록 사람은 정보에 종속될 가능성이 커지며, 이는 행동과 사고에 큰 영향을 미친다. 따라서 핵심은 의식의 내용과 방향성에 있다.

뇌교육과 정보처리기술

뇌는 훈련을 통해 변화할 수 있다. 이는 신경가소성 원리를 통해 가능하며, 교육은 이러한 변화를 이끄는 강력한 수단이다. 교육은 인간의 마음 기제를 변화시키는 체계로 철학, 원리, 방법을 갖춰야 하며, 20세기의 틀에 박힌 교육을 넘어 창조성과 평화를 추구하는 새로운 방식으로 나아가야 한다. 21세기 정보화 시대에서 뇌교육은 내적역량을 높이는 '정보처리기술'로 자리 잡고 있다. 뇌를 움직이는 핵심 기제를 '정보'로 개념화하고, 신체와 뇌의 상호작용 속에서 자신감을 키우며 감정조절 능력을 향상시키고 의식을 확장하도록 돕는다. 이는 훈련을 통해, 뇌를 움직이는 열쇠인 정보를 긍정적인 방향으로 변화시키는 것이다.

마음 기제의 총사령탑인 인간의 뇌는 훈련하면 변화한다. 이는 '신경가소성'의 원리를 통해 가능하며, '교육'은 이러한 변화를 이끄는 강력한 수단이다. 전 생애에 걸쳐 일어나는 '학습'은 인간의 뇌가 성장하는 데 가장 중요한 특징이기도 하다. 교육은 인간의 마음 기제를 변화시키는 인류 사회의 보편적 체계로서, 철학과 원리 그리고 방법을 반드시 갖춰야 한다. 21세기인 지금, 이제 우리는 '틀이 있는 교육'을 지향했던 20세기적 패러다임을 넘어, 창조성과 평화적 가치를 함께 추구하는 '틀이 없는 교육'으로 나아가야 한다. 인간 두뇌의 사고영역은 특정 국가를 넘어 지구촌을 중심으로 확장되어야 하며, 인간만이 가진 고유한 상상력과 감성을 키우는 교육 환경이 필수적이다. 또한 무한한 창조성을 마음껏 이끌어내고, '나는 누구인가'라는 근본적인 질문을 탐색하는 내면의 확장과 의식의 성장은 21세기 인류가 반드시 주목해야 할 핵심 교육 기제다.

내적역량 계발의 중요성

지구 생태계가 끊임없이 위협받으며 일어나는 현상인 기후위기라는 난제 속에서, 인공지능과 경쟁하고 동시에 협력하며 살아가야 할 미래 세대에게는 인간다움과 윤리, 인간 고유의 역량을 키울 수 있는 양질의 교육이 필요하다. 'OECD Learning Framework 2030'가 핵심인 학생에이전시student agency는, 향후 세계를 이끌어갈 다음 세대가 미래에 대한 방향성을 스스로 설정하고 계획을 세워, 변화에 유연하게 대처해야 한다고 제시한다. 미래교육의 방향은 분명하다. 20세기 '똑똑한 뇌'를 추구했던 교육은 21세기 '좋은 뇌'를 목표로 바뀌어야 한다. 이는 주어진 문제를 푸는 능력을 넘어 문제를 스스로 만드는 창의성을 높이는 길이기도 하다.

미네르바스쿨과 벤자민인성영재학교는 이러한 미래교육의 방향을 잘 보여주는 사례다. 미네르바스쿨은 미국에서 설립된 대학으로, 그리스신화 속 지혜의 여신인 '미네르바'에서 그 이름을 따왔는데, 이곳은 하버드대학교를 뛰어넘는 경쟁률로 캠퍼스 없는 미래형 대학의 상징으로 주목받고 있다. 벤자민인성영재학교는 한국에 설립된 고등학교로, 미국의 100달러 지폐 인물로 유명한 '벤저민 프랭클린'을 인성 영재의 모델로 삼아 지은 이름이다. 이곳은 이른바 '5無 학교'로, 학교 건물, 시험, 성적표, 교과 담당 교사, 교과 수업이 없는 한국 최초의 완전자유학년제 학교이다. 2014년에 입학생을 받은 두 학교는, 실험적이고 도전적인 프로젝트 중심 교육과정으로 학생들의 내적역량 계발을 돕는다. 미네르바스쿨 학생은 4년 내내 100퍼센트 온라인으로 수업을 진행하며, 정원을 20명 이하로 구성해 교수의 일방적 수업이 아닌 참여와 토론 위주인 '능동적 학습'이 특징이다. 벤자민인성영재학교는 사이버대학 수준의 LMS(학사관리시스템)를 통해 미래에 필요한 소양과목을 온라인으로 강의하고, 화상 토론을 진행한다.

두 학교는 무엇보다 미래 핵심역량 계발 방법이 동일하다. 미네르바스쿨 학생들은 전 세계 7개 도시를 돌아다니며 '프로젝트'를 수행한다. 이곳의 학생들은 구글이나 아마존 같은 기업 혹은 비영리 단체나 사회 기관에 종사하며 실험적이고 도전적인 프로젝트를 수행하는 교육 과정을 거치게 된다. 학생들은 해당 국가의 지역사회에서 생활하며 모든 것을 직접 부딪히며 체화하게 된다. 2020년 OBS 경인TV에서 방송된 다큐멘터리 〈대한민국에 이런 학교가 있었어?〉에서는 대안교육으로 교육의 새로운 변화를 만들어가는 학교를 집중 조명했는데, 그중 하나의 학교로 벤자민인성영재학교가 소개되었다. 벤자민인성영재학교에는 국토대장정, 벽화 그리기, 환경 페스티벌 참가 등 기획부터 실천, 발표까지 1년간 스스로 하고 싶은 것을 선택해서 하는 '벤저민프로젝트'라는 핵심 과정이 있다. 이 프로젝트에는 전국의 멘토들이 자발적으로 학생들의 성장을 돕기도 한다. 벤자민인성영재학교의 또 다른 특징으로는 뇌교육 원천기술인 BOS(뇌운영시스템)가 있다. 학생들은 이 시스템을 통해 내적역량을 계발하고, 틀에 얽매이지 않은 창조성과 자율성을 발휘할 수 있다.

뇌교육의 미래

'인공지능과 공존 혹은 경쟁할 인류 첫 세대'라는 시대적 변화는 결국 인간 뇌에 대한 주목과 더불어, 인간 뇌의 특별함과 정체성에 대한 질문을 던지게 한다. 두뇌가 발전하는 시기에 가장 걱정되는 것은 사고의 한계를 짓거나 고착화하는 것이다. "너는 여기까지만 할 수 있어", "해봐야 소용없어"라는 말은 아이의 무의식에 트라우마를 남기고, 어린 시절 형성된 부정적인 사고 체계는 성인이 되어서도 쉽사리 극복되지 않는다. 또한, 기성세대와는 달리 지구촌 시대에 태어난 아이들에게 국가, 민족, 종교, 이념에 관한 편협한 사고체계를 의식적 틀로 형성시키는 것 역시 두뇌 발달에 위협이 된다. 명확한 정체성과 자긍심을 갖는 것과 고착화된 인식을 갖는 것은 차원이 다르다. 의식의 확장은 내적역량 계발의 핵심요소로, 포스트 코로나 시대에는 20세기 산업 사회에서 강조됐던 외적역량보다 인간의 내적역량이 중요한 화두로 떠오를 것이다.

20세기 심리학과 교육학에서는 교육과 훈련으로 외적역량을 계발할 수 있다고 여겼으나 내적역량, 즉 인간의 동기, 태도, 가치관, 자아의식은 바꾸기 어렵다고 간주했다. 단순하고도 명확한 사실은 생명활동을 비롯해 스트레스, 감정조절, 집중과 몰입, 상상과 영감, 자아성찰 등의 모든 기능이 우리의 뇌에서 일어나는 작용이라는 점이다. 또한, 원하는 변화와 목표를 이루게 하는 내재적 특성에 해당하는 동기, 태도, 가치관, 자아의식 등이 바탕을 이루는 자기주도성은 이론이 아니라 실제적 경험과 훈련을 통한 인간 뇌의 '의식' 변화까지 있어야만 가능하다. 삶을 성공적으로 이끄는 요소들인 인내와 용기, 꿈과 비전, 집념과 도전 등도 역시 마찬가지다.

'뇌과학'이 뇌의 신비를 밝히려는 탐구의 학문이라면, '뇌공학'은 인류에 유용한 기술을 개발하는 분야이다. '뇌교육'은 인간의 가치를 높이는 과정 혹은 방법이라는 교육의 본질을 보다 구체적으로 실현하는 것이며, 결국 마음기제의 총사령탑이라는 '뇌'의 변화를 이끌어 내는 것이라 할 수 있다. 21세기 뇌융합 시대의 흐름 속에서, 한국은 뇌과학 분야에서 다소 늦었으나 21세기의 미래 자산으로 뇌교육 분야에서 최초로 4년제 대학과 대학원을 설립한 나라가 되었다. 2010년에는 교육부가 두뇌훈련 분야 브레인트레이너 자격을 국가 공인화한 점도 주목할 만하다.

무엇보다 한국은 뇌를 올바르게 사용하는 원리와 철학, 이른바 '뇌철학' 자산을 보유한 나라로, 인류의 물질문명을 이끈 서양의 과학이 20세기에 들어서야 비로소 뇌 기능과 구조에 대한 과학적 탐구를 시작한 반면, 고대 한국의 선조들은 수천 년 전에 이미 뇌의 본질적 가치를 꿰뚫어보고 이를 삶의 원리와 인재 교육의 철학으로 삼아 실천하고자 했다.

한국의 고대 문헌인 『삼일신고-신훈 편』에는 "자성구자 강재이뇌自性求子 降在爾腦"라는 구절이 있다. 이는 "본성에서 찾으라. 이미 너희 뇌 속에 내려와 있다"라는 뜻으로, 모든 답이 이미 뇌 속에 있음을 강조한다. 이러한 사상과 수련 체계는 오늘날 뇌교육의 철학과 방법론적 기반을 제공했으며, 1990년 설립된 뇌교육 원천기술인 B.O.S 개발 기관인 한국뇌과학연구원의 설립 이념과 도 직결된다.

고대 한국의 조상들은 하늘, 땅, 사람이 하나라는 '천지인天地人'의 사상 체계 속에서 몸과 마음이 하나라는 '심신일원론心身一元論'에 기반해 '심신心身'을 함께 단련하고 체득화한 심신 수행 문화의 원형인 선도仙道를 국가 인재양성의 근간으로 두고 있었다. 하늘, 땅, 사람이 하나로 연결돼 있다는 천지인天地人 정신은 인간과 자연의 공존, 인체가 자연의 일부임을 제시한다. 선도에서 중요한 것은 지식이 아니라 느낌이며, 인간이 가진 본래의 감각을 회복하는 데 있다고 본다. "차가운 것은 상승하고, 뜨거운 것은 내려온다"는 수승화강水昇火降은 인체를 자연의 일부로 인식하고, 자연의 순환 원리를 따르는 선도의 수련 원리이자 오늘날 뇌교육의 핵심 건강 원리로 자리매김했다. 한국의 선조들은 예로부터 몸과 마음을 함께 수행하는 것을 가르침으로 삼았다. 고대 한국의 대표적 왕조인 신라와 고구려의 국가 인재인 화랑과 조의 선인 역시 마찬가지였다.

선도에서는 몸과 마음이 분리되어서는 안 된다고 보고, 인체를 '정신'이 아니라 몸과 마음을 연결하는 에너지를 포함한 '정-기-신'으로 바라봤다. 또한 인체의 에너지 센터인 '단전'은 상단전, 중단전, 하단전 세 곳에 존재하고 있다고 본다. '정은 충만하고, 기는 장하며, 신은 밝아진다'라는 '정충기장신명精充氣壯神明'은 개인의 의식 변화를 이끄는 원리 체계를 제공한다. 현대적으로 발전한 뇌교육이 인체를 육체, 에너지체, 정보체의 세 가지로 인식하고, 보이는 것과 보이지 않는 것을 연결하는 '에너지'를 핵심 기제로 두고 있는 이유다.

뇌교육의 목적은 뇌 기능에 대한 탐구가 아니라 누구나가 가진 뇌를 어떻게 하면 올바르게 잘 쓸 수 있을까에 대한 물음과 답, 올바른 뇌철학을 근원적 자산이라고 본다. 21세기는 지식과 기술을 습득하는 외적역량이 아닌 내적역량 계발의 시대이며, 대한민국은 세계에서 가장 뇌를 잘 활용하는 국가가 될 수 있는 자산을 갖고 있다.

선도에서 중요한 것은
지식이 아니라 느낌이며,
인간이 가진 본래의 감각을
회복하는 데 있다고 본다.

4부

한국인의

브레인파워

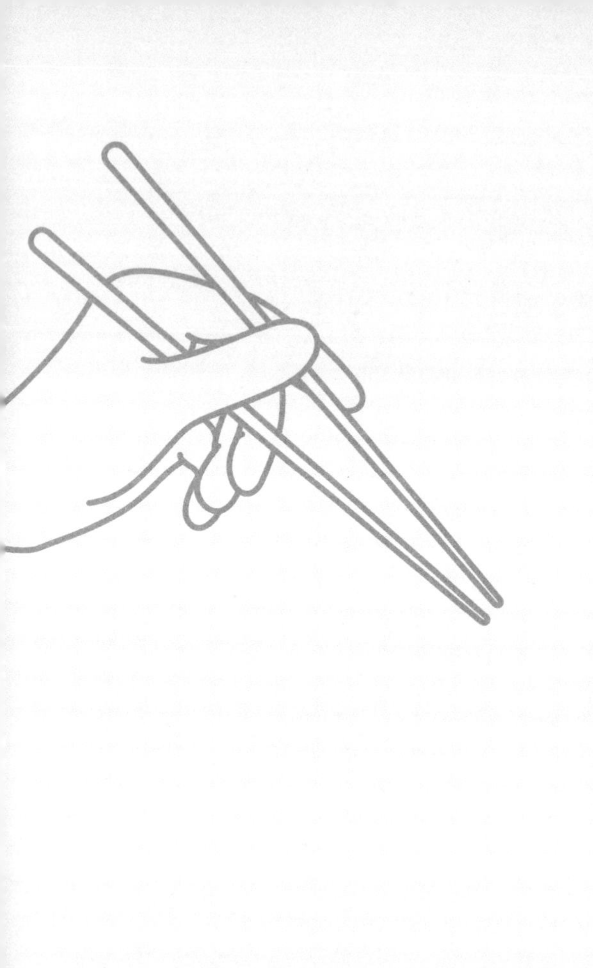

비빔밥에 담긴 두뇌 창의성의 비밀

밥에 나물·고기·고명·양념 등을 넣어 참기름으로 섞은 비빔밥. 외국인들에게 김치, 불고기와 더불어 외국 항공사에서도 기내식으로 제공할 만큼 인기가 높은 한류 대표 음식. 재료와 빛깔, 요리 형태도 특별한 비빔밥은 인간 두뇌의 창의성Creativity 발현과 비슷한 요소가 많다.

첫째, 백화요란百花燎亂. 비빔밥이 갖는 첫 번째 뇌의 특징은 바로 '시각적 자극'이 대단히 높은 음식이라는 점이다. 비빔밥은 원래 골동반骨同飯 혹은 화반花飯으로 불렸다. 골동반은 '어지럽게 섞는다'는 의미를 포함하고 있고, 화반은 '꽃밥'이라는 뜻이다. 인간의 뇌는 기본적으로 오감을 통해 외부의 정보를 받아들이는데, 이 중 가장 큰 영역을 차지하는 것이 바로 '시각'이다. 무려 80~90퍼센트를 시각정보가 담당한다. 오색찬란한 색깔, 선명하고도 강렬한 시각적 요소를 가진 비빔밥은 입에 넣기도 전에 이미 우리의 뇌에 충분한 시각적 유희를 불러일으키는 셈이다.

둘째, 플라세보 효과placebo effect. 비빔밥의 특징 중 하나가 완성품을 내오는 대부분의 음식과 달리, 먹을 사람이 '직접' 일정 시간 동안 최종 요리 과정에 참여한다는데 있다. 여기에서 이른바 마음에 의한 뇌의 긍정적 변화를 가져오는 플라세보 효과가 일어난다. 비빔밥을 비비는 과정에서 입에 침이 도는 것은 잠시 후에 입안으로 넘어갈 결과에 대한 '상상'이라는 뇌 현상이 인체 변화를 일으키기 때문이다. 그 상상에 대한 생생함과 구체성, 몰입도가 '플라세보 효과'의 강도에 차이를 가져오리라는 생각도 쉽게 이해된다. 무엇보다 스스로가 비비는 음식이 맛이 없을 거라는 생각은 일반적으로 하지 않으니 비빔밥의 요리 과정이 무의식적으로 긍정적 마음을 불러일으키고 있는 셈이다.

셋째, 정보의 통합과 융합. 전 세계에 우리나라처럼 섞고, 비비고, 끓이는 음식 문화가 발달한 나라도 드물다고 한다. '창의성'이란 고차적원 뇌 기능은 뇌에 저장된 수많은 정보의 축적을 바탕으로 새로운 정보의 발현이 이루어지는 것이라고 볼 수 있는데, 창조의 과정에서 반드시 필요한 것이 바로 '통합'과 '융합'이다. 비빔밥에 바로 이 핵심적 발현 과정이 깃들어 있다. 비빔밥은 서로 다른 이질적 음식 재료들이 고추장, 참기름과 함께 버무려지면서 하나의 새로운 음식으로 재탄생한다. 본래의 속성은 변하지 않았으나 '섞고 비비는' 과정을 통해 맛은 전혀 다른 것으로 바뀌었으며, 요리를 끝낸 음식을 먹어보면 그 변화된 속성을 '느낌'으로 자각할 수 있다. 요리할 때는 통합, 먹을 때는 융합의 특성을 가진 비빔밥은 다양한 정보의 통합과 융합이라는 창의성 발현 과정을 고루 갖추고 있는 셈이다.

넷째, 기존 질서의 파괴와 창조. 마지막으로 비빔밥

에 담긴 창의적 요소 중 반드시 짚고 넘어가야 할 것이 바로 기존 질서의 파괴와 창조다. 비빔밥은 식재료들이 발산하는 빛깔이 선명하고 다양하게 어우러진 음식으로 유명하지만 특이한 것은 이 수려한 음식을 먹기 위해선 반드시 그 아름다움을 '파괴'해야 한다는 점이다. 하지만 그 파괴는 단순한 무너뜨림이 아니라 새로운 승화된 '맛'을 내기 위한 과정이 된다. 창의성 발현의 가장 근본적인 가치가 기존의 사고 패턴, 행동 양식 등 기존 질서를 벗어나는 의식과 행동에 기초한다고 보면, 그 빛깔이 주는 아름다움을 과감하게 무너뜨리고 새로운 변화를 위한 선택 과정에 담긴 의미는 더욱 남다르다.

비빔밥은 단순한 음식 그 이상의 의미를 지니고 있다. 다채로운 재료들이 하나로 어우러져 새로운 맛을 창조하듯, 우리의 뇌 역시 다양한 정보를 통합하고 융합하여 창의성을 발현한다. 비빔밥을 섞는 과정에서 느껴지는 시각적 즐거움, 플라세보 효과, 통합과 융합의 의미 그리고 기존 질서를 과감히 벗어나는 창조의 행위는 모두 우리의 뇌와 창의적 사고를 상징적으로 보여준다. 결국 비빔밥은 단순히 먹는 즐거움을 넘어, 창의성과 혁신의 과정을 경험하게 하는 하나의 상징적 매개체라 할 수 있다. 우리는 비빔밥이라는 친숙한 음식을 통해 우리의 뇌를 재발견하고, 새로운 시각으로 바라보며 성장과 변화를 위한 영감을 얻을 수 있다. 일상의 소소한 경험에서도 창의성의 가치를 찾아내는 태도야말로, 우리 모두가 더 나은 미래를 향해 나아갈 수 있는 중요한 발걸음이 될 것이다.

젓가락에 담긴 두뇌 발달의 비밀

식사를 하면서 젓가락으로 음식을 집을 때마다 가끔 뇌리에 떠오르는 도시가 있다. 세계 최고最古의 금속활자 '직지의 도시'로 유명한 곳 청주이다. 하지만 내게는 '젓가락' 단어가 더 남다르게 다가오는 곳이다. 2015년, 청주에서 열린 젓가락 국제학술심포지엄에 나는 '젓가락 문화에 담긴 두뇌발달' 주제 연사로 초청받아 참석을 했었다. 한중일 3국의 학자들이 참석해 나누었던 젓가락의 역사와 문화는 놀라웠고, 지구 반대편 중동 최대 위성 뉴스 채널인 알자지라 방송사의 열띤 취재도 기억에 남는다. '젓가락'은 전 세계에서 한중일 동아시아 삼국의 삶과 역사가 함께 해 온 문화콘텐츠인 셈이다. 페스티벌 기간 중에 열린 '젓가락대회'에서는 어린아이들이 참가해 능수능란한 젓가락 사용기술을 선보였다.

노벨문학상 수상작인 『대지』의 작가 펄벅 여사가 1960년대 우리나라를 처음 방문했을 때 경주의 어느 식당에서 어린아이가 젓가락으로 콩자반을 집어먹는 모습에 감탄을 금치 못했다는 일화도 전해온다. 도토리묵을 젓가락으로 먹는 모습엔 '밥상 위의 서커스'라는 표현을 했다는 얘기도 있는 것을 보면 외국인들의 눈에 비친 신묘한 동작의 느낌을 짐작할 만하다.

사실 젓가락을 사용하는 것이 두뇌 발달을 촉진한다는 것은 이미 알려진 사실이다. 뇌가 두개골 바깥에서 가장 많은 정보를 받는 대상은 다름 아닌 '몸'이다. 그래서 신경과학자들은 뇌보다는 '신경계'라는 표현을 자주 사용한다. 몸 곳곳에 신경계가 미치지 않는 곳은 없으니, 사실 운동은 몸을 좋게 한다는 것보다 뇌를 좋게 하는 것이라는 표현이 더 정확하기도 하다.

젓가락 사용이 뇌에 미치는 것을 상징적으로 볼 수 있는 것이 바로 '호문쿨루스Homunculus'라는 것인데, 이는 신경외과 의사인 와일더 펜필드Wilder Penfield 박사가 운동과 감각을 담당하는 뇌 면적을 각 신체비율별로 적용한 인체모형으로 3차원 투영했을 때 뇌에서 손을 비롯해 정교한 움직임을 담당하는 영역이 가장 크게 나온 것을 발견하고 고안한 개념이다. 직립보행으로 인해 두 손의 자유로움이 인간 두뇌 발달에 미친 영향이 더없이 크다는 반증이기도 할 것이다.

우리 몸을 이루고 있는 206개의 뼈 중에서 4분의 1이 두 손을 구성하는 데 쓰이는데, 실제로 젓가락을 사용하게 되면 손가락에 있는 30여 개의 관절과 60여 개의 근육이 움직이게 된다. 젓가락을 사용하는 섬세한 손동작은 손가락 관절과 근육을 활성화하며 뇌의 발달을 촉진하는 신경학적 효과를 제공하기 때문에, 이는 단순한 식사 행위를 넘어, 두뇌 계발을 일상 속에서 실천하는 사례로 볼 수 있다. 특히 성장하는 아이들에게 젓가락 사용은 정교한 손놀림과 뇌의 협응력을 훈련하는 자연스러운 과정이 된다.

지구상에 젓가락을 사용하는 음식 문화를 가진 나라도 제한되어 있지만, 좀 더 자세히 들여다보면 젓가락의 재질과 사용하는 방법도 다르다. 젓가락을 사용하는 다른 아시아 국가들이 나무젓가락을 사용하는 데 반해, 우리나라에서는 무거운 쇠 젓가락을 사용하는 것도 당연히 그러한 뇌의 작용을 높이는 데 더 효과적일 것이다. 또한, 식사를 할 때 우리나라만큼 젓가락을 사용해 반찬을 하나씩 집어먹는 경우는 보기 힘들다.

그렇기 때문에 손가락을 매일매일 생활 속에서 집중적으로, 정밀하게 쓸 수밖에 없는 상황이 반복된다면 두뇌가 계속 자극되어, 특히 한창 성장하는 어린아이에게는 젓가락 사용 자체가 뇌 발달 촉진에 긍정적인 환경이 되는 셈이다. 젓가락을 사용하기 전에 어릴 적 무심코 해오던 손동작인 '도리도리, 곤지곤지, 잼잼(지암지암)' 등 한민족 전통 육아법으로 알려진 '단동십훈檀童十訓'에는 선조들의 깊은 지혜가 담겨 있다. 예를 들어, '건지곤지乾知坤知'란 뜻은 좌우 검지로 손바닥을 찔러 여는 동작으로 하늘과 땅의 이치와 기운을 깨달아 바르고 참다운 일을 행하라는 의미로 '천지인天地人' 철학이 담겨 있다.

젓가락은 단순한 식사 도구를 넘어, 우리 민족의 지혜와 철학, 그리고 두뇌 발달에 기여하는 독특한 문화적 자산이다. 젓가락은 단순히 과거의 유산이 아니라 현대와 미래를 잇는 연결고리로서 우리의 문화적 정체성을 강화하고, 두뇌와 삶의 조화를 이루는 상징으로 기능한다. 결국 젓가락은 우리 민족의 독창적 문화와 전통 그리고 두뇌 계발의 지혜를 담고 있는 상징인 셈이다. 이를 통해 우리는 선조들의 유산 속에서 미래를 향한 통찰과 창의력을 배울 수 있으며, 전 세계와 공유할 수 있는 중요한 문화적 가치를 재발견할 수 있을 것이다.

신궁神弓의 나라,
몰입의 경이로움

"한국이 또 우승했다Korea win again… just." 세계양궁연맹 홈페이지에 게시된 한국 여자 양궁 10연패 신화의 기사 제목이다. 경기 내내 상대방을 무자비하게 제압하면서도, 다른 팀과 달리 웃음과 여유로움을 보였던 한국 대표팀 기자회견장에서는 "한국은 여러 세대가 지나도록 어떻게 최강의 자리를 유지할 수 있는가?"라는 질문에서부터 고구려 역사까지 소환되었다.

88 서울올림픽 이후 무려 40년간 이어오고 있는 한국의 이 같은 믿기지 않는 성과에 많은 해석들도 나왔

다. 철저한 실력 위주의 선발방식 원칙, 파리의 실제 경기장과 비슷한 장소에서의 체험, 이미지 트레이닝을 포함한 과학적 훈련방식, 대기업의 지속적 지원과 초등학교부터 구축된 양궁 인프라 등에서 나아가 DNA까지 다룰 정도다. 물론 역사 문화적 접근을 완전히 엉뚱한 것이라고만 볼 수는 없다. 지구상에 존재하는 생명체 중 인간의 뇌만큼 복잡한 구조와 기능을 가진 존재는 없으며, 태어난 이후 이토록 많은 뇌의 변화를 가져오는 존재 역시 단연코 없다. 결국 인간은 유전과 환경의 조합으로 변화하는 고등생명체이기 때문이다.

『삼국지』 위서 「동이전」에 보면 중국의 시각에서 우리를 '동쪽 오랑캐'로 폄하하며 "동이東夷"라 불렀지만, 활을 잘 쏘는 민족임은 인정했다. 동이의 '이夷'자가 '大클 대'와 '弓활 궁'을 합친 말이니, 이는 사람大이 활弓을 메고 있는 것을 뜻한다. 신궁의 역사는 더 위로 거슬러 올라간다. 고구려를 세운 주몽 역시 신궁의 피를 타고 났다고 삼국사기에 전한다. 조선의 태조 이성계 역시 신궁으로 불렸다. 고구려의 대표적인 고분 벽화로 전해오는 무용총 '수렵도'에 담긴 고구려인의 활쏘기 그림은 신궁의 DNA를 단지 머나먼 역사 이야기로만 남겨두게 하지 않는다.

하지만 결국 DNA는 어떠한 환경에 놓이느냐에 따라 발현 여부와 그 범위가 영향을 미친다. 인류 뇌과학의 위대한 성과 중 하나로 손꼽히는 '신경가소성'은 환경 속에서의 인간의 역동적인 변화와 성장을 잘 제시한다. '뇌는 훈련하면 변화한다'는 신경가소성의 대표적인 결과로는 시간이 흐른 후 이전보다 향상된 역량을 발휘하는 것과 위기 상황에서 더욱 우수한 성과를 내는 것이 있다. '몰입'은 치열한 훈련의 결과다. 남자 양궁 사상 첫 3관왕에 오르며, 신궁으로 떠오른 김우진 선수의 심박수는 경기 내내 안정적 심박수 평균 80대를 유지해 외국 언론의 화제가 되었는데, 3연패를 앞둔 슛오프 마지막 한 발의 상황에서도 심박수는 90으로 차분하게 10점을 명중시켜 시청자들을 감탄케 했다. 경이로운 몰입의 상태라 볼 수 있다.

칙센트미하이는 이러한 몰입 경험을 'flow'라 말하

며 고도의 집중을 유지하면서 시간과 공간의 흐름을 잊어버리고 나아가 자신의 생각마저 잊어버리는 심리적 상태라고 표현했다. 마치 물 흐르는 것처럼 편안한 느낌이며, 몰입의 순간은 엄청난 파워를 만들어낸다. 그렇다면 몰입은 어떤 조건에서 일어날까? 칙센트미하이는 그의 저서 『몰입의 재발견』에서 "명확한 목표가 주어져 있고, 활동의 효과를 곧바로 확인할 수 있으며, 과제의 난이도와 실력이 알맞게 균형을 이루고 있다면 누구나 어떤 활동에서도 몰입을 맛보면서 삶의 질을 끌어올릴 수 있다"고 표현했다. 하지만 몰입의 경험은 갈수록 쉽지 않을 것 같다. 인간 뇌의 특별함으로 손꼽히는 '몰입'의 효용성에서 불구하고, 디지털 정보화 사회로의 발달은 인간 역량의 계발을 가로막는 환경을 첩첩히 쌓이게 하고 있기 때문이다.

모든 것이 연결된 정보화 사회에서 가장 두드러진 변화 중 하나는 앞서 언급한 '멀티태스킹multi-tasking'이다. 그러나 인간의 뇌가 기본적으로 정보를 처리하는 방식은 '하나의 입력, 하나의 출력single-in, single-out'이다. 뇌가 하나의 작업에서 다른 작업으로 넘어갈 때 간극이 생기는데, 주의력이 이것을 바로바로 따라오기 어렵다. 문제는 이런 비효율성에도 불구하고 멀티태스킹으로 이곳저곳으로 주의를 분산할 때 뇌에 도파민을 분비시키며 기분이 좋아지는 보상으로 착각을 일으킨다는 점이다.

미국 스탠퍼드대 앤서니 와그너 교수팀이 18~26세 건강한 남녀 80명을 대상으로 한 미디어 멀티태스킹이 기억과 주의력에 미치는 영향에 대한 실험에서 연구팀은 참가자들에게 TV를 보는 동시에 다양한 스마트기기를 사용하도록 하고 뇌파와 동공 크기 변화를 관찰했다. 그 결과 미디어 멀티태스킹 시간이 길수록 심각할 정도로 주의력과 기억력이 떨어지는 것으로 나타났다.

2019년 미국 하버드대학교와 영국 옥스퍼드대학교 등 국제 연구진이 수행한 인터넷이 뇌에 미치는 영향에 대한 연구에 의하면, 인터넷 사용으로 뇌의 다양한 기능 가운데 집중력과 기억력에서 가장 큰 영향을 받았다고 발표했다. 특히, 멀티태스킹이 뇌의 주의력을 현격히 낮추며 단일작업에 대한 뇌의 집중력 저하를 일으켰고, 또한 단기 기억력이 감퇴 되었다.

사색과 상상을 하지 않는 사회로의 진입은 가속화 될 것이다. 이때 중요한 것은 사람들과의 정서적 교류와 스크린에 잠시 빠져 있지만 이내 '나'를 바라볼 수 있는 깨어 있음이다. 치열한 훈련의 결과로 나타나는 몰입 경험의 지속성은 단지 나의 재능으로 끝나는 것이 아닌 내 주변과 함께하는 데 있음을 인지하자.

충무공 이순신,
뇌가 반할 크고 높은 목표를 갖다

세계 해전사에 신화로 남겨진 필승의 해군제독, 전란의 위기를 승리로 이끈 구국의 영웅, 구습을 타파하고 새로운 기틀을 다진 개혁가, 거북선과 학익진의 해전원리를 창안한 전략전술가. 나열하기도 힘들 정도로 많고 다양한 그의 일면들은 한 가지 재능을 꽃피우기도 힘든 인간 두뇌의 가능성을 새삼 되돌아보게 만든다. 무엇이 그를 이 같은 영웅으로 성장하게 만들었을까. 한국인이 존경하는 인물 1위로 꼽히는 이순신의 브레인파워는 어떠할까.

이순신은 한 번의 실패를 딛고 32세가 되어서야 무관에 입성했고 조부는 사화에 연루되어 죽었으며 그로 인해 이순신도 10여 년을 변방에 나가 있었다. 세상은 그를 업신여겼고 그의 진면목을 알아주지도 않았다. 보통 사람이라면 그 칼날이 무뎌질 대로 되어 있어야 마땅하지만 그는 그렇지 않았다. 그의 칼날은 녹슬지 않았고 그의 두 눈은 언제나 바다 건너에 가 있었다. 10여 년의 시간이 지난 그에게 조선의 바다를 지킬 기회가 왔을 때 그는 드높이 비상했다. 마치 움츠렸던 기지개를 펼치고 멀리 날아오르는 독수리처럼. 이순신은 임진왜란이 발발하기 1년 전인 1591년 전라좌수사로 부임한 이후, 불과 1년 만에 1만 5천의 병력과 24척의 판옥선 그리고 비밀병기 거북선까지 갖추었다. 당시 경상우수영의 함대가 고작 판옥선 네 척이 전부였던 것을 비교하면, 그가 얼마나 오랜 시간 준비해왔는지를 잘 보여준다.

인간 뇌에 있어, 느끼고 생각하는 모든 기능을 통틀어 '의식'이라고 한다. 의식에는 누구나 감각적으로 자연스럽게 갖게 되는 공통된 의식이 있고, 사람에 따라 큰 차이를 나타내는 정신적 자질이 있다. 신념, 의지, 열정 같은 것이 그러하며, 이 같은 정신적 자질은 사람의 행동을 결정하는 바탕이 되고 그 행동은 사람의 생을 변화시킨다. 그렇다면 인간 두뇌기능 발현의 바탕이 되는 이러한 정신적 자질의 차이는 무엇으로 생겨나는 것일까. 그것은 결국 내가 진실로 '원하는 것'이 있는가, 없는가에서 비롯된다. 인간이 가진 뇌의 기능을 온전히 발휘할 수 있는 바탕은 바로 이러한 '간절함'에서 비롯된다. 원하는 것이 없으면 신념의 씨앗도 싹을 틔우지 않는 것은 인간의 두뇌 잠재성 발현에 적용되는 원리원칙이다. 오랜 인내의 시간과 드높은 비상은 그가 품었던 '신념'이 얼마나 크고 깊었는가를 단적으로 보여준다.

'창의성'은 늘 새로움과 도전으로 무장한 사람에게서 나타나는 것이 보통이다. 창의력에 대한 정의는 아직 기초적 연구에 머물고 있지만, 공통적으로 지칭되는 것은 '새로움'과 '사고의 확산'을 꼽을 수 있다. '군인'이라는 특수한 신분과 전쟁의 위기 상황 속에서 조선의 해군을 이끄는 제독과는 언뜻 어울리지 않는 두뇌기능인 것처럼 보이는 것도 사실이다. 하지만 이순신이 임진왜란 중 보여준 과정을 면밀히 살펴보면 현대의 창의적 CEO로서도 손색이 없음을 짐작하게 하는 여러 대목이 나온다.

알다시피 이순신은 임진왜란 7년 전쟁 중 23전 23승의 세계 해전사에 다시없을 신화를 이루었다. 이것이 가능했던 이유는, 백병전이 승패를 결정짓던 시대에 현대전에서나 볼 수 있는 순수함포전純粹艦砲戰을 활용했으며, 학익진과 같은 창의적인 해전술을 구사했기 때문이다. 이순신이 당시 임진왜란 때 펼친 해전술은 일본 해군에 의해 깊이 연구되었으며, 현대 해전사에서나 볼 수 있는 '일시집중타(Salvo, 사격법)'의 원조로서 훗날 세계 해전사에 커다란 영향을 미치게 된다.

이순신의 23전 전승 신화에는 조선 수군의 우수한 전선이 큰 몫을 했다. 이를 가능하게 한 계기는 이순신과 나대용의 만남이었다. 당시 이순신은 숱한 반대에도 불구하고 파격적으로 나대용을 전라좌수영의 감조군관으로 임명해 거북선과 판옥선 등 조선 수군의 주력 전함 건조를 전적으로 맡겼다. 이 결정은 조선 수군이 압도적인 해상 전력을 갖추는 데 중요한 전환점이 되었다.

이순신은 인재선발뿐 아니라 인적관리에서도 탁월한 면모를 보였다. 당시에는 수급을 기준으로 하는 공로평가제도로 논공행상을 부여했다. 하지만 해전방식이 완전히 달랐던 이순신에게 수급기준방식은 많은 문제점이 있었기에 그는 1, 2, 3급으로 나눈 새로운 종합평가방식을 도입했다. 독특한 해전술만큼이나 사후 공로평가와 인사관리에도 매우 창의적인 방식을 택했던 셈이다. 이순신은 무인이었지만 뛰어난 문인이었고, 지리학과 진법陣法에도 정통했다. 그의 문집인 『난중일기』와 『임진장초』는 『징비록』, 『선조실록』과 함께 임진왜란을 기록한 대표적인 사료로 평가받는다. 그가 전쟁 중 임금에게 올린 장계狀啓는 그 상세한 기술과 깊이가 역사서를 방불케 한다. 그는 무인으로서의 삶을 살면서도, 유교 경전과 각종 병서를 가까이 했으며, 전쟁에서 지형지물의 중요성을 일찍 간파해 젊은 시절부터 지리에 대해 많은 사례연구를 해왔다.

뇌는 언제나 외부자극을 원하고, 새로운 도전에 반

응한다. 처음에는 많은 저항을 받지만 지속적으로 반복하다 보면 언젠가 새로운 기능이 깨어나게 된다. 그렇게 피어난 재능은 기존의 능력과 시너지를 일으킨다. 외부 군인으로서 투철한 원칙주의자였지만 동시에 다양한 분야를 넘나드는 이순신의 이러한 열린 사고는 그의 확고한 신념에서 비롯된 것이라 볼 수 있다. 결국 이 신념이 그를 단순한 군인이나 전략가에 머무르지 않고, 땅을 개간하고 염전 사업까지 벌인 경영자로서, 나아가 거북선과 학익진이라는 세계적인 해전술을 창안한 창의적 인물로 성장하게 한 원동력이 되었다. 그러나 이순신에게 적이 많았던 것도 사실이다. 그는 주류에 속하지 않았으며, 원칙을 고수하는 강직한 성품 탓에 많은 견제를 받았다. 더구나 변방을 떠돌던 무관이었던 그가 절친한 지기였던 유성룡의 천거로 인해 몇 개의 품계를 뛰어넘어 고위직에 오른 점 역시 주변의 시기를 불러일으키는 요인이 되었다.

거듭된 육지의 패전으로 조선이 패망의 위기에 처한 가운데, 이순신의 연이은 승리는 그를 새로운 영웅으로 떠오르게 했다. 그러나 그의 존재감이 커질수록 선조 역시 그를 끊임없이 견제했다. 유성룡의 반대편에 서 있던 그의 정적들은 더더욱 심했다. 두 번에 걸친 백의종군이 그 같은 상황을 방증한다. 하지만 수많은 정적과 긴장 속에서도 이순신의 시선은 오직 한 곳을 향하고 있었다. 그것은 바다도, 왜도 아닌 바로 자신이었다. 그의 칼날은 언제나 스스로를 겨누었으며, 이러한 태도야말로 국내외의 적들로 둘러싸인 상황 속에서도 조선의 바다를 지키겠다는 신념을 더욱 굳건히 하는 원동력이 되었다. 이순신이 자신에게 겨눈 칼날은 뇌기능 측면에서 보면 '통합성'을 촉진하는 긍정적인 역할을 했을 것이다. 사람이 온 마음을 다해 어떤 일에 몰입한다는 것은 뇌의 입장에서 보면 뇌의 일부가 아닌 다양한 기능이 유기적으로 통합되어 작용한다는 것을 의미한다.

통합은 집중할 때 가능하며, 집중은 대상을 필요로 한다. 한 점에 집중할 수도 있고, 어떤 상황에 집중할 수도 있고, 보이지 않는 목표에 집중할 수도 있다. 자신이 진실로 이루고 싶은 큰 목표가 있을 때, 그것에 집중하면 나머지 것들은 부차적인 것이 된다. 그래서 꿈이 있고, 비전이 있는 구체적인 사람일수록 두뇌활용 능력이 커지는 것은 당연한 수순이다. 이순신의 경우 수없이 많은 적들과 급변하는 정치적 상황 속에서도 흔들리지 않았던 것은, 그의 뇌가 모든 에너지를 쏟고 싶은 커다란 비전이 있었기 때문이다. 그의 비전은 다름 아닌 도탄에 빠진 조선을 구하는 것, 그것뿐이었다.

인간은 태어나서 살아가면 한두 가지 재능을 꽃피운다. 물론 그렇지 못하는 사람도 많다. 무엇이 뇌에 잠재된 능력을 일깨우는 것일까. 무엇이 사람으로 하여금 다른 삶을 살아가게 하는 것일까? 국가의 위기를 구해낸 해군제독, 세계 해전사에 길이 남을 뛰어난 해전술, 창의적 인사관리와 부하들의 절대적 신뢰, 수많은 인재의 등용, 뛰어난 문인으로서의 재능 등 이순신이 보여준 두뇌능력은 한 사람이 가지기에는 너무나 다양하고도 높은 수준이었다. 하지만 이순신의 이 모든 재능이 갑작스럽게 나타난 것이 아닌 오랜 인고의 세월과 그 기간 동안 그가 품었던 '불굴의 신념'이 바탕이 되었음을 눈여겨볼 만하다.

따라서 이순신 장군의 삶은 인간의 잠재력과 신념이 어디까지 발휘될 수 있는지를 보여주는 사례라 할 수 있다. 그가 보여준 탁월한 해전술은 단순한 전술적 기량이 아니라 철저한 준비와 끊임없는 연구 그리고 상황을 통찰하는 냉철한 두뇌에서 비롯된 것이다. 또한, 이순신의 창의적 인사관리는 부하들의 잠재력을 끌어내고 그들을 신뢰와 존경으로 묶어냈으며, 이는 단순한 지휘 체계를 넘어선 인간적 리더십의 전범을 보여준다. 이러한 리더십 아래에서 단 열두 척의 배로 일본의 대군을 물리친 명량해전은 단순히 숫적 열세를 극복한 전투 이상의 상징적 의미를 가진다. 그것은 인간의 신념과 의지 그리고 두뇌의 가능성이 어디까지 발휘될 수 있는지를 극명히 보여준 사례다.

이순신의 신념은 단지 개인의 명예를 위한 것이 아니다. 그의 목표는 언제나 백성과 나라를 위한 것이었고, 이는 그의 뇌와 행동을 움직이는 강력한 원동력이 되었다. 이러한 신념은 단순한 동기부여를 넘어 뇌의 잠재력을 끌어내는 촉매제가 되었고, 그가 이룩한 성과의 기반이 되었다. 결국 이순신 장군의 삶은 인간의 뇌가 얼마나 놀라운 잠재력을 가지고 있는지를 보여준다. 단순한 생물학적 기관을 넘어 뇌는 신념과 목표 그리고 비전을 통해 무한한 가능성을 발휘할 수 있는 도구다. 이순신은 그 도구를 극한까지 활용해 자신의 재능을 발현하고, 국가의 위기를 구해낸 역사적 인물이 되었다. 그의 삶은 오늘날 우리에게 단순히 존경의 대상이 되는 것을 넘어, 각자 자신의 뇌에 잠재된 가능성을 믿고, 이를 발현할 수 있는 방향성을 제시한다.

뇌교육자 세종,
저마다 뇌의 재능을 발굴하고 쓰게 하라

팝송 영어 가사를 한글 발음으로 적으며 외우던 시절, 지금과 같이 외국인들이 한글 가사를 거꾸로 자신들의 언어로 적는 지금을 상상할 수 없었다. 빌보드 핫100 차트에 연일 한국어 가사가 있는 노래가 오르는 현실을 우리는 두 눈으로 목격하고 있다. 한글은 이미 전 세계 언어학자들로부터 가장 과학적인 문자로 평가받고 있다. 매년 유네스코가 '세계 문해의 날'에 문맹 퇴치에 기여한 개인 및 단체에게 수여하는 상이 바로 '유네스코 세종대왕 문해상UNESCO King Sejong Literacy Prize'이기 때문이다.

하지만 학계의 평가 보다 대중적 인식과 확산은 결이 다르다. 언어는 한 나라가 가진 문화의 정점이자 뿌리이기 때문이다. 언어를 익힌다는 것은 문화적 감수성과 동질성을 느끼게 하고, 나아가 개인의 삶과 라이스타일에 상당한 영향을 미친다. 실제로 K드라마, K팝 등 한류 확산에 힘입어 한국어를 공부하는 외국인들도 급증하고 있다고 한다. 그렇다면 전 세계 언어학자들이 찬사를 아끼지 않는 과학적 합리성과 법칙을 가졌다는 한글 창제의 인물 세종대왕을 우리들은 어떻게 바라보고 있을까. 그리고 한국인들이 가장 아끼는 역사적 인물인 세종은 과연 외국인들의 눈에 어떻게 비춰질까.

할리우드 장수 SF 시리즈 스타트렉 작가인 조 메노스키가 세종대왕의 한글 창제기를 역사 판타지 소설 『킹 세종 더 그레이트King Sejong the Great』에 이런 말이 나온다. "이 모든 것을 천재적인 왕이 창제했다는 스토리는 충격적이었다. 레오나르도 다빈치가 피렌체의 통치자인 경우일까? 아이작 뉴턴이 영국의 왕인 경우일까?" 책머리에 적힌 글이다. 세종이 조선의 네 번째 왕으로서 재위해 있던 때는 그 어떤 시대보다 수많은 업적과 기라성 같은 인재들이 넘쳐났던 시기였다. 재위 32년 동안 세종은 전국 방방곡곡을 통해 재능 있는 인재들을 찾았고, 신분 고하를 막론하고 중용하였다. 세종은 "인재가 길에 버려져 있는 것은 나라를 다스리는 사람의 수치"라고 믿었다. 그는 모든 사람은 제각기 재주를 갖고 있다고 믿었고, 그 재능을 알아보는 눈을 키우는 것을 게을리 하지 않았다.

세종은 즉위 후 이름뿐이던 집현전을 조선 최고의 학문기관으로 올려놓아 재능 있는 소장학파들을 발굴하고, 그들이 관료들에게 휘둘리지 않도록 커다란 바람막이 역할을 겸해 최상의 환경을 조성해주었다. 더불어 관료사회와 연계되는 길도 열어줌으로써 또 다른 성장의 길을 마련했다. 집현전은 그가 이루고자 했던 꿈과 비전의 주춧돌이었고, 이후 학문적 성취를 이루려는 모든 선비들의 바람으로 자리 잡았다. 국가 인재양성을 위한 시스템을 마련한 것이다.

세종 15년에는 어린 학생들을 선발해 중국에 유학

을 보낼 만큼 국제적 인재양성에도 관심을 기울였다. 선발 당시에 평민 출신의 중용도 배제하지 않았을 만큼 신분의 귀천을 가리지 않았다. 이러한 인재중시와 양성에 관한 통치철학으로 세종 재위 시절 조선은 전국이 거대한 대학 캠퍼스나 다를 바 없었을 만큼 교육이 나라의 근본을 이루었다. 세종 시대에 인재들이 넘쳐나고 그 인재들에 의해 많은 업적들이 나타난 것의 바탕에는 그들의 재능을 꿰뚫어보는 세종의 통찰력이 있었다. 그것이 근간이 되어 적재적소에 인재를 배치할 수 있었고 명을 받은 이들은 하나같이 자신의 능력을 최고로 발휘했다.

조선의 대표적 명장인 김종서는 태종 시절 이름도 없는 관직에 머물다가 쫓겨났던 인물이었다. 그러나 세종은 왕위에 오르기 전, 김종서의 공평무사함을 눈여겨보고, 그에게 백성을 감찰하는 일을 맡겼다. 이후 그는 북방의 여진을 격퇴하고 6진을 개척하는 큰 업적을 일궜다. 재능 있는 인재를 발굴하는 데는 출신도 상관없었다. 조선을 넘어 역사상 가장 뛰어난 과학자로 수많은 발명품들을 쏟아내었던 장영실은 관노에 불과한 비천한 신분이었지만 세종에게 발탁되어 중국 유학을 다녀오고 정3품의 지위까지 올랐다. 또 영의정을 18년이나 지내며 청백리로 이름난 황희는 서얼 출신이었다.

세종은 늘 신하들의 재능을 살펴보는 데 많은 시간을 할애했다. 처조카이자 조선의 대표적 문신인 강희안은 24세에 정인지 등과 함께 한글 28자에 대한 해석을 상세하게 달고, 용비어천가의 주석을 붙일 만큼 뛰어난 인물이었다. 하지만 어릴 적부터 개인의 영달에는 관심이 없고, 욕심도 없었으며, 남 앞에 나서는 것도 싫어했다. 시·서·화에 모두 능하여 '삼절'이라고 불릴 만큼 뛰어난 재능을 지닌 강희안을 눈여겨본 세종은 그에게 원예서를 만들라는 명을 내린다. 국내에서 가장 오래된 원예서로 꼽히는 『양화소록』은 그렇게 탄생되었다.

그러한 시간이 흐르던 재위 25년째 되던 1443년 12월, 드디어 조선 조정을 발칵 뒤집는 일이 발생했다. 세종이 철저히 비밀리에 추진했던 훈민정음이 비로소 그 실체를 드러낸 것이다. 훈민정음의 발표는 최만리를 비롯한 집현전 대표학자들조차 발표시점까지 그 골자를 보지 못했을 만큼 전격적인 사건이었다. 대부분의 조정대신들은 즉각 반대에 나섰고 집현전의 많은 학자들도 반대 여론에 참가했다. 그만큼 새로운 문자의 창제는 당시 사회에 많은 문제점들을 만들어낼 소지가 있었다. 하지만 세종은 숱한 반대에도 불구하고 3년 후인 1446년 훈민정음을 정식으로 반포했다. 훈민정음은 백성을 위한 것이라는 변할 수 없는 원칙으로 세운 것이었기에 세종은 결코 물러설 수가 없었다.

눈여겨보아야 할 것은 세종 자신이 당대 최고의 음운학자였다는 점이다. 백성을 위한 독자적 문자의 필요성을 느꼈던 세종은 오랜 기간 음운론에 관해 수많은 서적을 섭렵했고, 반대했던 학자들을 꼼짝 못하게 할 만큼 뛰어났다. 이는 당시 훈민정음의 반포에 크나큰 장점으로 작용했다. 한글의 태동기로 보는 세종 즉위 10년부터 그는 고어를 연구하고 음운론 공부에 많은 시간을 할애하며 스스로 전문가로 성장했다. 백성을 향한 마음이 그의 재능을 한 단계 도약시킨 셈이다. 인재의 발굴과 등용, 저마다의 재능을 일깨운 통찰력, 큰 가치를 위한 공적인 비전 등 세종은 단순한 군주를 넘어 뛰어난 뇌교육자였다. 그는 재능을 발굴하고 키우며, 학문을 대중화시키고, 뛰어난 인재를 나라의 근간으로 삼았다. 세종의 교육관은 단순한 지식전달 위주와 획일적인 교육 등 오늘날 겪고 있는 교육의 문제점들에 대한 해결책이 어디에 있는가를 보여주는 선조의 가르침이기도 하다.

교육이란 것이 단순히 지식을 배우고 축적하는 것을 넘어서 뇌가 가진 최고의 가치를 실현하는 것임을 세종은 이미 알았던 셈이다. 한 나라의 수장으로서, 교육자로서 인간의 뇌가 가진 근본 가치를 꿰뚫고 있었던 것이다. 세종이 왜 우리 역사에서 으뜸으로 손꼽히는 성군인지 새삼 돌이켜볼 일이다. 동서고금을 막론하고 나라와 민족이 번성하는 길은 '교육'에 있으며, 그 해답은 '뇌'에 있다.

조선왕조 국가과학자
장영실

신분에 대한 장애를 넘어 창의력과 도전정신의 상징 장영실. 서양보다 무려 200년이나 앞선 세계 최초의 강우량 측정기인 측우기, 천체 운행과 그 위치를 측정하는 혼천의, 자동계측기를 갖춘 물시계인 자격루, 하천의 범람을 미리 알 수 있도록 한 수표, 그리고 기존 동활자의 단점을 보완한 금속활자인 갑인자 등 조선을 15세기 세계 최고 수준의 과학기술강국으로 끌어올린 대한민국 과학기술사에 길이 남을 역작을 쏟아낸 인물. 세종대왕 시절, 찬란한 과학문명의 정점에 서 있는 장영실. 그러나 그는 관노의 신분으로 태어났다. 이후, 탁월한 재능으로 세종에게 발탁되어 노비의 굴레를 벗고 고위관직에까지 오르지만 이후의 궁궐 생활 속에서도 끊임없는 멸시와 견제를 받으며 살았다.

그가 세종의 특명으로 중국에 유학하여 천문기기에 대한 연구를 마치고 돌아오자 세종은 그 공로를 인정하여 효율적으로 기구를 제작할 수 있도록 했으나 중신들의 반대로 끝내 뜻을 이루지 못했다. 결국 세종 재위 24년(서기 1442년)에 그가 감독하여 제작한 어가를 세종이 사용하다가 부서지는 사고가 빌미가 되어 30여 년간의 찬란한 공적을 뒤로한 채 하루아침에 불경죄로 파직되고 만다. 그를 노비에서 정3품까지 올리며 지극히 아꼈던 세종도 더 이상 구해주지 못했으며 이 사건 이후 그는 역사의 뒤안길로 완전히 사라지고 말았다.

장영실에 대한 기록들을 보면 그는 자신의 신분을 탓하거나 좌절하기보다는 현실에 집중하고 성실히 임했던 것으로 보인다. 동래현 소년 관노로 있던 시절에도 그는 일을 마치면 틈틈이 병기창고에 들어가 병장기와 공구들을 말끔히 정비했다. 매사에 최선을 다하는 그의 마음가짐이 엿보이는 대목이다. 성실하게 현재에서 최선을 다하는 정신 때문에 현감의 신임을 얻고 결국 왕에게 발탁되는 기회를 얻었다. 장영실은 중국 유학을 다녀왔고 중국과 이슬람의 선진기술까지 적극적으로 받아들인 과학자로, 모방 수준이 아닌 이들 기술을 융합해 당대 세계 최고 수준의 기기를 만든 기술혁신가였다. 그는 필요한 기술이라면 어느 나라의 것이건 찾아보고 비교, 연구해서 새로운 수준으로 끌어올렸다.

그 대표적인 사례가 현재 상용되는 1만 원권 지폐에도 나와 있는 자격루自擊漏다. 자격루는 단순한 물시계가 아니라 자동시보장치를 갖춘 표준시계이며 한국 과학사에서 위대한 발명품 중 하나로 꼽힌다. 자격루에는 물시계의 기본인 물의 흐름을 일정하게 유지하고 다시 일정한 시차로 구슬과 인형을 건드리도록 설계한 완벽한 자동제어 시스템을 갖추고 있다. 하루를 2시간씩 나눈 12지시마다 종이 울리고 밤 시간인 5경에는 북과 징을 울리도록 설계되었다.

또한 12지시마다 자시子時에는 쥐, 축시丑時에는 소처럼 각각의 시간에 해당하는 동물 인형이 뻐꾸기시계처럼 시보상자 구멍에서 튀어 오르도록 했다. 기술뿐만 아니라 디자인적으로도 탁월했다. 자격루는 크게 세 부분으로 나뉘는데 왼쪽의 수압과 수위를 조절하는 수위조절용 항아리가 있고 중앙에는 두 개의 계량용 항아리가 있다. 마지막으로 오른쪽 부분에는 시보(자격) 장치가 있는데 이 부분에 시간을 알려주는 종과 북, 징을 치는 시보인형이 위치해 있다. 이를 분석해보면 물시계는 아날로그 시스템이고 시보장치는 디지털 시스템인 격이다.

1980년대 중반부터 『세종실록』 기록 등을 토대로 20여 년간 자격루의 복원에 힘써오다 2007년 자격루 복원 및 작동에 성공했을 정도로, 자격루는 물시계의 기본인 물의 흐름을 일정하게 유지하고 다시 일정한 시차로 구슬과 인형을 건드리도록 설계한 완벽한 자동제어 시스템을 지니고 있다. 당시 장영실이 죽은 후 자격루가 손상되었을 때 고칠 만한 사람이 없어 100년 후인

1534년에야 복원했다는 사실이 그 정밀성과 함께 독창성을 입증한다. 자격루를 만든 지 5년 후인 세종 재위 20년(서기 1438년)에 장영실은 더 정교한 자동 물시계인 옥루玉漏를 만들어냈다. 『세종실록』에는 옥루를 가리켜 "시간을 알리고 계절을 나타내는 여러 가지 기구들이 저절로 치고 운행하는 것이 마치 귀신이 시키는 듯하였다"라고 기록되어 있다.

옥루는 시간을 알려주는 자격루와 천체의 운행을 관측하는 혼천의의 기능을 합친 것으로, 시간은 물론 계절의 변화와 절기에 따라 해야 할 농사일까지 알려주는 다목적 시계였다. 요즘 말로 하면 컨버전스 기기인 셈이다. 서로 다른 기능을 하나로 융합해 새로운 기기를 탄생시키는 작업인 컨버전스는 장영실이 좌뇌 위주의 논리적 사고뿐 아니라 우뇌적인 창의성과 유연성을 함께 갖추었다는 것을 말해준다.

장영실은 1442년 세계 최초로 측우기도 만들어냈다. 1639년 이탈리아의 과학자 베네데토 카스텔리 Benedetto Castelli가 고안한 측우기보다 200년이나 앞서 만든 것이다. 이 측우기는 강우량을 정확히 측정하기 위해 측우기의 크기, 빗방울이 떨어질 때 생기는 오차까지 고려해 만든 과학적인 것으로 현재 세계기상기구WMO가 정한 측정오차에도 합격할 만큼 뛰어나다고 하니 새삼 경탄하게 된다. 사농공상의 신분차가 엄격하던 시대에 천한 노비의 신분으로 태어나 나라를 대표하는 국가과학자의 반열에 오른 장영실. 비록 인생의 마지막 시점에 갑작스레 허무하게 추락하고 말았지만, 그의 삶이 우리에게 던지는 메시지는 남다르다.

누구나 자신만이 가진 두뇌의 특별한 재능이 있다고 한다. 장영실은 그러한 자신의 재능을 극한까지 키워 간 인물이었다. 노비라는 장애에는 아랑곳하지 않은 채 오직 하나의 길만을 걸었고, 끊임없이 새로운 정보를 받아들였으며 그리고 그것을 뛰어넘어 자신의 뇌 안에서 시대를 뛰어넘는 창의적 산물로 탈바꿈시켜 놓았다. 인간의 뇌는 방향성을 원한다. 스스로가 만든 한계에 굴하지 않고, 할 수 있는 것에 온전히 집중했으며, 끊임없이 가능성을 키워가며 새로움을 꿈꾸었다. 장영실의 삶은 자신이 가진 작은 단점들에 신경 쓰느라 자신만이 가졌을지 모를 많은 장점은 오히려 잊고 살아갈지 모르는 현대인들에게 크나큰 메시지를 던져준다.

인간의 뇌는 방향성을 원한다.

우리는 어떤 시간을 살고 있는가

어릴 적 그냥 역사가 좋았던 것 같다. 초등 시절 역사 만화책을 너덜너덜하게 읽었던 기억이 지금도 선명하게 남아 있고, 대학에 가서는 역사서를 읽고 역사소설을 탐독하고, TV를 봐도 사극을 즐겨 보고 지금도 역사적 인물들을 소재로 한 글을 쓰는 걸 좋아한다. 대다수 동물들은 태어나서 시간이 얼마 지나지 않아 움직이기 시작하고 자신의 신체 기능을 대부분 사용한다. 성인 뇌 기능을 빠르게 쓸 수 있지만, 유전의 영향이 지대한 만큼 생존을 위해 환경에 적응하기 위한 두뇌활동에 국한되고, 시간이 지나도 자신을 둘러싼 환경의 급격한 변화를 만들어내기는 어렵다.

하지만 만물의 '영장靈長'이라는 인간은 성인만큼의 뇌 기능을 쓰려면 많은 시간을 필요로 한다. 지구상 최고의 유전자를 가진 인간은 타동물과 달리, 태어나서 환경과의 상호작용을 통해 신체, 정서, 인지사고 체계의 두뇌 발달이 오랜 시간 동안 진행되는 특별함을 갖기 때문이다. 집에서 많이 기르는 강아지나 고양이가 1년 전에 자신을 떠올리며, 그때 어떠한 존재였음을 인지하기는 어렵다. 시간이 지나서 변화된 자신의 존재를 상상하며 미래를 향해 현재를 준비하기는 더욱 어렵다. 즉, 현재만의 시간을 주로 살아가는 것이다.

하지만 인간은 다르다. 과거의 나를 떠올리며 성찰의 시간을 가질 수 있다. 미래를 꿈꾸지 않고 현재만을 살아가는 것과 미래의 변화된 나를 상상하며 현재에 집중하는 것은 다르다. 뇌는 방향성을 원하며, 시간의 흐름 자체가 변화를 만들어낸다. 신경가소성 차원에서 시간의 흐름과 나를 둘러싼 환경에 변화를 주는 인간 뇌의 창조성은 밀접한 관련성을 갖는다. 산업혁명 이후 지난 200여 년간 인류가 지구에 미친 변화를 상기해보면, 지구의 역사 동안 이토록 창조성의 발현이 큰 생명체를 떠올리긴 어려울 것이다. 그래서 인간에게 시간의 흐름을 이해하는 것은 고등의식 기제와 밀접한 관련성을 갖는다.

1972년 항체의 다양성을 설명하는 구조적인 기초를 밝힌 공로로 노벨생리의학상을 수상한 제럴드 에델만 교수가 이후 뇌 연구에 뛰어들면서 발표한 의식 생성 모델에 따르면, 포유동물이 갖는 1차 의식은 언어가 생성되기 전 형성된 것으로 기억된 현재를 뜻한다. 장면들이 시간과 더불어 연속해서 흐르는 것이 아닌 스냅 사진처럼 하나의 장면을 의미하는 셈이다. 이에 반해, 인간이 가진 고차의식으로 가면 언어를 매개로 한 기억이 생성되면서 하나의 장면이 담긴 스냅 사진들이 연결되어 파노라마를 만들며, 우리의 과거, 현재, 미래가 형성되고 그 과정에서 셀프Self라는 자아의식이 생긴다고 보았다. 브로카, 베르니케 등 언어영역이 고차 피질의 전두엽,

두정엽, 측두엽과 연결되어 생성되는 것으로, 인간 뇌의 특별한 기제에 해당한다는 것이다.

물론, 인간 의식에 대한 탐구는 끝이 없는 여행일지도 모른다. 인간의 뇌 기능과 구조를 샅샅이 밝혀낸다고 해도 보이지 않는 차원의 의식 기제를 완전히 밝혀내가는 어려울 수 있을 것이다. 실제로 인간 의식에 대한 과학계의 연구는 여전히 진행 중이다. 지금 주목해야 할 것은 이러한 시간의 의미를 이해하는 인간 고유의 기제가 우리 사회와 교육 현장에 어떠한 형태로 발현되고 있느냐는 질문이다. 몇 년 전에는 일부 국회의원들이 '홍익인간弘益人間' 네 글자를 대한민국 교육기본법 제2조 교육이념에서 삭제하고, 민주시민교육을 넣자는 법안을 발의하는 황당하기 그지없는 사건이 발생했다. 결국 법안 철회로 결론이 났지만 국민들의 커다란 공분을 자아내기 충분했다.

인간은 시간의 의미를 이해할 수 있는 고등생명체이다. 이것은 단순히 생체시계나 과거, 현재, 미래의 나를 떠올리는 차원만은 아니다. 내가 태어나서 살아가는 이 땅, 두 발을 딛고 서 있는 이 땅에 함께 살아가는 사람들. 그리고 과거에 이 땅에 살아왔던 사람들이 만들어낸 시간에 대한 것에도 의식을 확장할 수 있다는 뜻이다. 그래서 인간은 역사를 기록한다. 역사의식을 가질 때 비로소 나와 나를 둘러싼 이 땅의 과거와 미래에 관심을 갖게 된다. 현재의 나만이 아닌, 과거와 미래가 하나로 연결된 시간의 흐름선 상에 존재하는 나를 바라보게 되는 것이다.

지금 우리들은 어떤 시간을 살아가고 있을까. 외국인들이 한국에 처음 와서 한국인들과 대화를 하다 보면 '우리 남편, 우리 아들딸'이란 말에 충격을 받는다고 한다. 개인이 주체가 되는 서구 사회의 'We'라는 표현과는 다른, 수천 년 이어온 언어 속에 내재된 문화적 토양이다 보니 이해하기가 쉽지 않을 것이다. 우리는 지금 이 땅의 시간을 얼마나 기억하고 존중하고 있는가. 20세기 일제 식민지에서 벗어난 독립국으로서의 대한민국만을 기억한다면, 기적적인 산업화와 민주주의를 동시에 성취해낸 한국만을 떠올린다면, 수천 년간 이어온 '우리'라는 공동체 의식의 정신문화 속에 인간과 자연의 공존의 나라를 꿈꾸었던 선조들의 지혜와 혜안이 고스란히 녹아들어 있는 한민족의 철학, 바로 하늘·땅·사람이 하나라는 '천지인天地人' 정신을 그저 지나간 이야기로 치부해 버리는 것이다.

시간의 의미를 이해하는 것은 인간 뇌의 특별한 능력이다. 백범 김구 선생은 『나의 소원』에서 "오직 한없이 가지고 싶은 것은 높은 문화의 힘"이라고 강조하며, "진정한 세계 평화가 우리나라에서 시작되어, 우리를 통해 세계로 확산되기를 원한다. 이는 곧 홍익인간弘益人間의 정신이며, 우리 국조國祖 단군檀君의 이상이 그것이라고 믿는다"라고 말했다.

이러한 철학적 가치와 정신을 계승하는 글로벌사이버대학교는 '하늘 아래 가장 편안한 땅'이라는 뜻을 지닌 천안天安에 자리하고 있다. 특히 대학이 위치한 흑성산 반대편에는 대한민국 독립운동의 역사를 간직한 독립기념관이 있으며, 대학 입구에는 한반도에서 가장 높은 국조 단군왕검상이 세워진 국학원이 있다. 이곳은 한국인이라면 한 번쯤 방문해야 할 한민족 전통문화의 중심지로, 우리의 정체성을 되새기고 문화적 뿌리를 찾을 수 있는 소중한 공간이다.

"우리는 어떤 시간을 살아가고 있는가?" 시간의 본질을 이해하는 것은 인간만이 가진 고유한 특성이며, 이는 우리의 정신과 문화 깊숙이 자리하고 있다. 시대가 변할수록 중요한 것은 단순한 물질적 성장이 아니라 정신적·문화적 성숙이다. 이러한 성숙이야말로 인간과 사회를 진정으로 발전시키는 원동력이 될 것이다. 똑똑한 뇌를 추구하던 길에서 '좋은 뇌'를 향한 삶의 전환, 뇌교육 학문화의 여정과 한민족 국학의 가치는 글로벌사이버대학교와 국학원의 설립자인 일지 이승헌 선생님으로부터 오롯이 받은 것이다. 이 책을 통해 깊은 감사와 존경의 마음을 전한다.

뇌선언문

Brain Declaration

인간 뇌의 본질적인 창조와 평화적 원리를 담은
5개 항으로 이루어진 「뇌선언문」은
2012년 서울에서 개최된
'대한민국 제1회 브레인엑스포'에서
「뇌교육헌장」으로 채택되어
전 세계 모든 뇌교육 프로그램에
뇌활용의 가치를 반영토록 하고 있다.

나는 나의 뇌의 주인임을 선언합니다.

I declare that I am the master of my brain.

나는 나의 뇌가 무한한 가능성과 창조적 능력을 가지고 있음을 선언합니다.

I declare that my brain has infinite possibilities and creative potential.

나의 뇌는 정보와 지식을 선택하는 주체임을 선언합니다.

I declare that my brain has the right to accept of refuse any information and knowledge that it is offered.

나의 뇌는 인간과 지구를 사랑함을 선언합니다.

I declare that my brain loves humanity and the earth.

나의 뇌는 본질적으로 평화를 추구함을 선언합니다.

I declare that my brain desires peace.

Take back your Brain!

뇌의 주인으로 살고 있습니까

건강한 뇌로 살기 위한 뇌교육 교양서

초판 1쇄 발행 2025년 3월 3일

지은이 장래혁
펴낸이 조미현

책임편집 최미혜
디자인 기경란
마케팅 이예원, 공태희
제작 이현

펴낸곳 (주)현암사
등록 1951년 12월 24일 (제 10-126호)
주소 04029 서울시 마포구 동교로12안길 35
전화 02-365-5051
팩스 02-313-2729
전자우편 editor@hyeonamsa.com
홈페이지 www.hyeonamsa.com

ISBN 978-89-323-2414-2 03400

책값은 뒤표지에 있습니다. 잘못된 책은 바꾸어 드립니다.